普通高等教育"十二五"规划教材

模拟电路实验教程

主　编　刘文博

参　编　王　涛　蔡　宁

U0282558

北京邮电大学出版社
www.buptpress.com

内 容 简 介

　　本书主要由模拟电路实验用仪器仪表的使用、模拟电路实验和虚拟实验 3 部分组成。本书适合普通高等学校电类专业师生使用,也可供科技人员参考。

图书在版编目（CIP）数据

模拟电路实验教程 / 刘文博主编. -- 北京：北京邮电大学出版社，2016.1（2022.11 重印）
ISBN 978-7-5635-4375-5

Ⅰ. ①模… Ⅱ. ①刘… Ⅲ. ①模拟电路—实验—高等学校—教材 Ⅳ. ①TN710-33

中国版本图书馆 CIP 数据核字（2015）第 121200 号

书　　　　名：模拟电路实验教程
著 作 责 任 者：刘文博　主编
责 任 编 辑：刘　颖
出 版 发 行：北京邮电大学出版社
社　　　　址：北京市海淀区西土城路 10 号（邮编：100876）
发 　行 　部：电话：010-62282185　传真：010-62283578
E-mail：publish@bupt.edu.cn
经　　　　销：各地新华书店
印　　　　刷：北京九州迅驰传媒文化有限公司
开　　　　本：787 mm×1 092 mm　1/16
印　　　　张：8.5
字　　　　数：211 千字
版　　　　次：2016 年 1 月第 1 版　2022 年 11 月第 4 次印刷

ISBN 978-7-5635-4375-5　　　　　　　　　　　　　　　　　定　价：19.00 元

· 如有印装质量问题,请与北京邮电大学出版社发行部联系 ·

前　　言

模拟电路课程是实践性很强的专业基础课,实验是模拟电路课程教学的重要组成部分。通过实验,学生能够验证和巩固所学的理论知识,提高动手能力,并培养严谨的科学作风。

本书分为3章。第1章是模拟电路实验用仪器仪表的使用,主要介绍了模拟电路实验中使用的数字万用表、交流毫伏表、函数信号发生器、示波器等仪器的原理和使用。第2章是模拟电路实验,介绍了20个具体的实验,主要介绍了常用的电子仪器、仪表的使用以及基本电路的搭建和测量。第3章是虚拟实验,对 Multisim 10 软件进行了介绍,并且设计了6个基本的实验来学习 Multisim 10 软件的使用。

本书可作为电气信息类和测控技术与仪器专业模拟电路课程的实验教材。不同学科专业根据实际情况,可选择不同项目、不同内容的实验。

本书由刘文博任主编,负责全书的编写和定稿,王涛和蔡宁负责对全书进行整理和校对。本书的编写得到了西北民族大学电气工程学院各位老师的支持,在此一并表示衷心的感谢。

由于作者水平有限,书中难免有不当之处,企盼使用本书的广大教师和同学批评指正。

编　者

目　　录

1.1　VC9208 数字万用表

1. 数字万用表的结构和工作原理

数字万用表主要由液晶显示屏、模拟/数字（A/D）转换器、电子计数器、转换开关等组成。被测模拟量先由 A/D 转换器转换成数字量，然后通过电子计数器计数，最后把测量结果用数字直接显示在显示屏上。可见，数字万用表的核心部件是 A/D 转换器。目前，教学、科研领域使用的数字万用表大都以 ICL7106、ICL7107 大规模集成电路为主芯片。该芯片内部包含双斜积分 A/D 转换器、显示锁存器、七段译码器、显示驱动器等。双斜积分 A/D 转换器的基本工作原理是在一个测量周期内用同一个积分器进行两次积分，将被测电压 U_x 转换成与其成正比的时间间隔，在此间隔内填充标准频率的时钟脉冲，用仪器记录的脉冲个数来反映 U_x 的值。

2. VC9208 数字万用表操作面板简介

VC9208 数字万用表具有 $3\frac{1}{2}$ 位自动极性显示功能。该表以双斜积分 A/D 转换器为核心，采用 26 mm 字高液晶（LCD）显示屏，可用来测量交直流电压、交直流电流、电阻、电容、二极管的正向压降值、三极管的 hFE 值、通断测试、温度及频率等参数。图 1.1 为其操作面板。

（1）LCD 液晶显示屏：显示仪表测量的数值及单位。

（2）POWER（电源）开关：用于开启、关闭万用表电源。

（3）B/L（背光）开关：开启及关闭背光灯。按下"B/L"开关，背光灯亮；再次按下，背光取消。

（4）旋钮开关：用于选择测量功能及量程。

（5）C_x（电容）测量插孔：用于放置被测电容。

（6）20 A 电流测量插孔：当被测电流大于 200 mA 而小于 20 A 时，应将红表笔插入此孔。

（7）小于 200 mA 电流测量插孔：当被测电流小于 200 mA 时，应将红表笔插入此孔。

（8）COM（公共地）：测量时插入黑表笔。

（9）V（电压）/Ω（电阻）测量插孔：测量电压/电阻时插入红表笔。

（10）刻度盘：共 8 个测量功能。"Ω"为电阻测量功能，有 7 个量程挡位；"DCV"为直流电压测量功能；"ACV"为交流电压测量功能，各有 5 个量程挡位；"DCA"为直流电流测量功能；"ACA"为交流电流测量功能，各有 6 个量程挡位；"F"为电容测量功能，有 6 个量程挡位；"hFE"为三极管 hFE 值测量功能；"→⊩"为二极管及通断测试功能，测试二极管时，近似显示二极管的正向压降值，导通电阻小于 70 Ω 时，内置蜂鸣器响。

（11）hFE 测试插孔：用于放置被测三极管，以测量其 hFE 值。

（12）HOLD（保持）开关：按下"HOLD"开关，当前所测量数据被保持在液晶显示屏上并出现符号 $\boxed{H}$；再次按下"HOLD"开关，退出保持功能状态，符号 $\boxed{H}$ 消失。

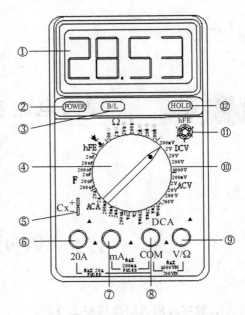

图 1.1　VC9208 数字万用表操作面板

3.　VC9208 系列数字万用表的使用方法

（1）电压的测量

直流电压的测量，如电池、随身听电源等。首先将黑表笔插进"COM"孔，红表笔插进"VΩ"。把旋钮选到比估计值大的量程（注意：表盘上的数值均为最大量程，"V－"表示直流电压挡，"V～"表示交流电压挡，"A"是电流挡），接着把表笔接电源或电池两端，保持接触稳定。数值可以直接从显示屏上读取，若显示为"1."，则表明量程太小，那就要加大量程后再测量。如果在数值左边出现"－"，则表明表笔极性与实际电源极性相反，此时红表笔接的是负极。

交流电压的测量。表笔插孔与直流电压的测量一样，不过应该将旋钮打到交流挡"V～"处所需的量程。交流电压无正负之分，测量方法跟前面相同。无论测交流还是直流电压，都要注意人身安全，不要随便用手触摸表笔的金属部分。

（2）电流的测量

直流电流的测量。先将黑表笔插入"COM"孔。若测量大于 200 mA 的电流，则要将红表笔插入"10 A"插孔并将旋钮打到直流"10 A"挡；若测量小于 200 mA 的电流，则将红表笔插入"200 mA"插孔，将旋钮打到直流 200 mA 以内的合适量程。调整好后，就可以测量了。将万用表串进电路中，保持稳定，即可读数。若显示为"1."，那么就要加大量程；如果在数值左边出现"－"，则表明电流从黑表笔流进万用表。

交流电流的测量。测量方法与直流电流的测量方法相同，不过挡位应该打到交流挡位，电流测量完毕后应将红笔插回"VΩ"孔。

（3）电阻的测量

将表笔插进"COM"和"VΩ"孔中，把旋钮打旋到"Ω"中所需的量程，将表笔接在电阻两端金属部位,测量中可以用手接触电阻,但不要把手同时接触电阻两端,这样会影响测量的精确度(人体是电阻很大,但是有限大的导体)。读数时,要保持表笔和电阻有良好的接触;注意单位:在"200"挡时单位是"Ω",在"2 K"到"200 K"挡时单位为"kΩ","2 M"以上的单位是"MΩ"。

（4）二极管的测量

数字万用表可以测量发光二极管,整流二极管……测量时,表笔位置与电压测量一样,将旋钮旋到"⊷"挡;用红表笔接二极管的正极,黑表笔接负极,这时会显示二极管的正向压降。肖特基二极管的压降是 0.2 V 左右,普通硅整流管(1N4000、1N5400 系列等)约为 0.7 V,发光二极管为 1.8～2.3 V。调换表笔,显示屏显示"1."则为正常,因为二极管的反向电阻很大,否则此管已被击穿。

（5）三极管的测量

表笔位置与电压测量一样,其原理同二极管的测量,将旋钮开关置于 hFE 挡。先假定 A 脚为基极,用黑表笔与该脚相接,红表笔与其他两脚分别接触其他两脚;若两次读数均为 0.7 V 左右,然后再用红笔接 A 脚,黑笔接触其他两脚,若均显示"1",则 A 脚为基极,否则需要重新测量,且此管为 PNP 管。然后将挡位打到"hFE"挡,可以看到挡位旁有一排小插孔,分为 PNP 管和 NPN 管的测量。前面已经判断出管型,将基极插入对应管型"b"孔,其余两脚分别插入"c""e"孔,此时可以读取数值,即 β 值;再固定基极,其余两脚对调;比较两次读数,读数较大的管脚位置与表面"c""e"相对应。

（6）MOS 场效应管的测量

N 沟道的有国产的 3D01、4D01,日产的 3SK 系列。G 极(栅极)的确定:利用万用表的二极管挡。若某脚与其他两脚间的正反压降均大于 2 V,即显示"1",此脚即为栅极 G。再交换表笔测量其余两脚,压降小的那次测量,黑表笔接的是 D 极(漏极),红表笔接的是 S 极(源极)。

1.2　交流毫伏表

常用的单通道晶体管毫伏表,具有测量交流电压、电平测试、监视输出三大功能。交流测量范围是 100 mV～300 V、5 Hz～2 MHz,分为 1、3、10、30、100、300 mV,1、3、10、30、100、300 V 共 12 挡。

1. 开机前的准备工作

（1）将通道输入端测试探头上的红、黑色鳄鱼夹短接;

（2）将量程开关置于最高量程(300 V)。

2. 操作步骤

（1）接通 220 V 电源,按下电源开关,电源指示灯亮,仪器立刻工作。为了保证仪器稳定性,需预热 10 秒钟后使用,开机后 10 秒钟内指针无规则摆动属正常。

（2）将输入测试探头上的红、黑鳄鱼夹断开后与被测电路并联(红鳄鱼夹接被测电路的正端,黑鳄鱼夹接地端),观察表头指针在刻度盘上所指的位置,若指针在起始点位置基本没动,说明被测电路中的电压甚小,且毫伏表量程选得过高,此时用递减法由高量程向低量程变换,直到表头指针指到满刻度的 2/3 左右即可。

(3) 准确读数。表头刻度盘上共刻有四条刻度。第一条刻度和第二条刻度为测量交流电压有效值的专用刻度,第三条和第四条为测量分贝值的刻度。当量程开关分别选 1 mV、10 mV、100 mV、1 V、10 V、100 V 挡时,就从第一条刻度读数;当量程开关分别选 3 mV、30 mV、300 mV、3 V、30 V、300 V 时,应从第二条刻度读数(逢 1 就从第一条刻度读数,逢 3 从第二刻度读数)。例如,将量程开关置"1 V"挡,就从第一条刻度读数。若指针指的数字是在第一条刻度的 0.7 处,其实际测量值为 0.7 V;若量程开关置"3 V"挡,就从第二条刻度读数。若指针指在第二条刻度的"2"处,其实际测量值为 2 V。举例说明如下,当量程开关选在 1 V 挡位时,毫伏表可以测量的外电路电压的范围是 0～1 V,满刻度的最大值也就是 1 V。当用该仪表去测量外电路中的电平值时,就从第三、第四条刻度读数。读数的方法是,量程数加上指针指示值,等于实际测量值。

3. 注意事项

(1) 仪器在通电之前,一定要将输入电缆的红、黑鳄鱼夹相互短接。防止仪器在通电时因外界干扰信号通过输入电缆进入电路放大后,再进入表头将表针打弯。

(2) 当不知被测电路中电压值是大是小时,必须先将毫伏表的量程开关置最高量程,然后根据表针所指的范围,采用递减法合理选挡。

(3) 若要测量高电压,输入端黑色鳄鱼夹必须接在"地"端。

(4) 测量前应短路调零。打开电源开关,将测试线(也称开路电缆)的红、黑夹子夹在一起,将量程旋钮旋到 1 mV 量程,指针应指在零位(有的毫伏表可通过面板上的调零电位器进行调零,凡面板无调零电位器的,内部设置的调零电位器已调好)。若指针不指在零位,应检查测试线是否断路或接触不良,应更换测试线。

(5) 交流毫伏表灵敏度较高,打开电源后,在较低量程时由于干扰信号(感应信号)的作用,指针会发生偏转,称为自起现象。所以在不测试信号时应将量程旋钮旋到较高量程挡,以防打弯指针。

(6) 交流毫伏表接入被测电路时,其地端(黑夹子)应始终接在电路的地上(成为公共接地),以防干扰。

(7) 交流毫伏表表盘刻度分为 0～1 和 0～3 两种刻度,量程旋钮切换量程分为逢一量程(1 mV、10 mV、0.1 V……)和逢三量程(3 mV、30 mV、0.3 V……),凡逢一的量程直接在 0～1 刻度线上读取数据,凡逢三的量程直接在 0～3 刻度线上读取数据,单位为该量程的单位,无须换算。

(8) 使用前应先检查量程旋钮与量程标记是否一致,若错位会产生读数错误。

(9) 交流毫伏表只能用来测量正弦交流信号的有效值,若测量非正弦交流信号要经过换算。

(10) 注意:不可用万用表的交流电压挡代替交流毫伏表测量交流电压(万用表内阻较低,用于测量 50 Hz 左右的工频电压)。

4. 问题总结

(1) 如何读数(假设指针指向上圈 0.5 的位置,量程选在 10 V)?

利用测量换算公式:测量值＝(指针读数/满量程读数)×选择的量程。指针读数为 0.5,满量程读数取 1.0(采用上圈刻度满量程读数取 1.0,采用下圈刻度满量程读数取 3.0),选择的量程为 10 V,利用公式代入,得测量信号有效值为 5 V。

（2）如何选择刻度？

刻度的选择取决于所选的量程。选择的量程是 10 的倍数的(如 1 V、10 V、100 V 等),读数的时候看上圈的刻度;选择的量程是 3 的倍数的(如 3 V、30 V、300 V 等),读数的时候看下圈的刻度。这样做是为了在利用测量换算公式的时候能够计算方便,减小误差。

（3）如何测量信号的有效值？

将（2）中的量程打在 30 V 上,将信号接入（3）中,观察指针位置,使指针位置基本在刻度盘的中间,否则减小量程再观察。根据指针读数换算测量值。

（4）如何利用交流毫伏表测量正弦波、方波、三角波有效值？

对正弦波而言,测量值就是其有效值,对方波、三角波,利用交流毫伏表得到的测量值并不是其有效值,但是可以根据该值换算得到其有效值。有效值换算公式:有效值＝测量值×0.9×波形系数,方波波形系数为 1,三角波波形系数为 1.15。

1.3　EE1642B1 型函数信号发生器的原理与应用

1.3.1　EE1642B1 型函数信号发生器的组成及工作原理

EE1642B1 函数信号发生器是一种精密的测量仪器,能够输出连续信号、扫频信号、函数信号、脉冲信号等多种信号,并具有外部测频功能。在实验室中可用作信号源和频率计。

EE1642B1 型函数信号发生器的原理框图如图 1.2 所示。整个系统由两片单片机进行管理和控制,包括:控制函数信号发生器产生信号的频率;控制输出信号的波形;测量输出信号或外部输入信号的频率并进行显示;测量输出信号的幅度并进行显示等。

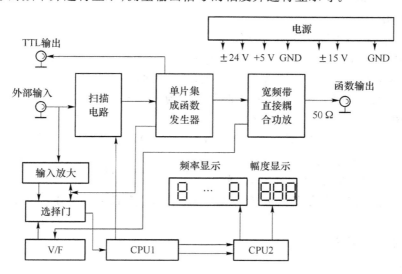

图 1.2　EE1642B1 函数信号发生器组成框图

函数信号由专用集成电路 MAX038 产生,该电路具有微机接口,可由微机进行控制,因此整个系统具有较高的可靠性。

扫描电路由多片运算放大器组成,以满足扫描宽度、扫描速度的需要,输出级采用宽带直接耦合功放电路,保证了输出端具有很强的带负载能力以及输出信号直流电平偏移的调整。

1.3.2 EE1642B1 型函数信号发生器主要技术指标

1. 函数信号发生器部分的技术指标

(1) 输出频率

0.1~15 MHz(正弦波),按十进制共分 8 挡,如表 1.1 所示。

表 1.1 EE1642B1 型函数信号发生器输出频率分挡情况

刻度	频率范围	刻度	频率范围
×1	0.2~2 Hz	×10 k	2~20 kHz
×10	2~20 Hz	×100 k	20~200 kHz
×100	20~200 Hz	×1 M	200 kHz~2 MHz
×1 k	200 Hz~2 kHz	×10 M	2~15 MHz

(2) 输出阻抗

- 函数输出:50 Ω。
- TTL 输出:600 Ω。

(3) 输出信号波形

函数输出(对称或非对称输出):正弦波、三角波和方波。

TTL 输出:矩形波。

(4) 输出信号幅度

- 函数输出

不衰减:($1V_{P-P}$~$10V_{P-P}$)±10%连续可调。

衰减 20 dB:($0.1V_{P-P}$~$1V_{P-P}$)±10%连续可调。

衰减 40 dB:($10 mV_{P-P}$~$100 mV_{P-P}$)±10%连续可调。

将 20 dB 与 40 dB 两个按钮同时按下时其衰减为 60 dB。

- TTL 输出

"0"电平≤0.8 V,"1"电平≥1.8 V(负载电阻≥600 Ω)。

(5) 函数输出信号直流电平偏移(offset)调节范围

关断或(−5~+5 V)±10%(50 Ω 负载)。

关断位置时输出信号的直流电平<0 V±0.1 V,负载电阻≥1 MΩ 时,调节范围为(−10~+10 V)±10%。

(6) 函数输出信号衰减

0 dB、20 dB 和 40 dB。

(7) 输出信号类别

单频信号、扫频信号和调频信号(受外控)。

（8）函数信号输出非对称性（占空比）调节范围

关断或 20％～80％（"关断"位置时输出波形为对称波形，误差≤2％）。

（9）扫描方式

- 内扫描方式：线性或对数。
- 外扫描方式：由 VCF 输入信号决定。

（10）内扫描特性

- 扫描时间：(10 ms～5 s)±10％。
- 扫描宽度：>1 个频程。

（11）外扫描特性

- 输入阻抗约 100 kΩ。
- 输入信号幅度：0～2 V。
- 输入信号周期：10 ns～5 s。

（12）输出信号特性

- 正弦波失真度：<1％。
- 三角波线性度：>99％（输出幅度的 10％～90％区域）。
- 脉冲波上升沿、下降沿时间（输出幅度的 10％～90％）：≤30 ns。
- 脉冲波的上升、下降沿过冲：≤5％V_O（50 Ω 负载）。
- 测试条件：输出幅度 $5V_{P-P}$，频率 10 kHz，直流电平调节为"关断"位置，对称性调节为"关"位置，整机预热 10 分钟。

（13）输出信号频率稳定度

±0.1％/分钟，测试条件同上。

（14）幅度显示

- 显示位数：三位（小数字自动定位）。
- 显示单位：V_{P-P}或 mV_{P-P}。
- 显示误差：V_O±20％±1 个字（V_O 为输出信号的峰-峰值，负载电阻为 50 Ω。负载电阻≥1 MΩ 时，V_O 读数需×2）。
- 分辨率（50 Ω 负载）：$0.1V_{P-P}$（衰减 0 dB）；$0.01 mV_{P-P}$（衰减 20 dB）；$0.001 mV_{P-P}$（衰减40 dB）。

（15）频率显示

- 显示范围：0.200 Hz～20 000 kHz。
- 显示有效位数：

五位（10 000～20 000 kHz）；

四位（1 000～9 999 kHz）；

三位〔(5.00～9.99)×10^n Hz，式中，n＝0、1、2、3、4、5〕。

2. 频率计数器部分的主要技术参数

（1）频率测量范围

0.2 Hz～20 000 kHz。

（2）输入电压范围（衰减器为 0 dB）

- 50 mV～2 V（10 Hz～20 000 kHz）；

- 100 mV～2 V（0.2～10 Hz）。

（3）输入阻抗

500 kΩ/30 pF。

（4）波形适应性

正弦波、方波。

（5）滤波器截止频率

大约 100 kHz（带内衰减，满足最小输入电压要求）。

（6）测量时间

0.1 s（$f_i \geqslant 10$ Hz）；单个被测信号周期（$f_i < 10$ Hz）。

（7）显示方式

- 显示范围：0.200 Hz～20 000 kHz。
- 显示有效位数：

五位 10 Hz～20 000 kHz；

四位 1～10 Hz；

三位 0.2～1 Hz。

（8）测量误差

时基误差±触发误差（单周期测量时被测信号的信噪比优于 40 dB，则触发误差小于或等于 0.3%）。

（9）时基

标称频率为 10 MHz，频率稳定度为 $\pm 5 \times 10^{-5}$。

3. 电源电压

- 交流：220 V±10%。
- 频率：50 Hz±5%。
- 功耗：≤30 W。

1.3.3 EE1642B1 型函数信号发生器使用说明

1. 前面板各部分的名称和作用

EE1642B1 函数信号发生器前面板如图 1.3 所示，现将各部分简要介绍如下。

（1）频率显示窗口①：显示输出信号的频率或外测频信号的频率。

（2）幅度显示窗口②：显示函数输出信号的幅度（50 Ω 负载时的峰-峰值）。

（3）扫描宽度调节旋钮③：调节此旋钮可以改变内扫描的扫频范围，在外测频时，逆时针旋到底（绿灯亮），外输入被测信号经过滤波器进入测量系统。

（4）扫描速率调节旋钮④：调节此旋钮可以改变内扫描的时间长短。在外测频时，逆时针旋到底（绿灯亮），外输入被测信号经过衰减"20 dB"后进入测量系统。

（5）外部输入插座⑤：外扫描控制信号或外测频信号由此输入。

（6）TTL 信号输出端⑥：输出标准的 TTL 幅度的脉冲信号，输出阻抗为 600 Ω。

（7）函数信号输出端⑦：输出多种波形受控的函数信号，最大输出幅度 $20 V_{P-P}$（1 MΩ 负载），$10 V_{P-P}$（50 Ω 负载）。

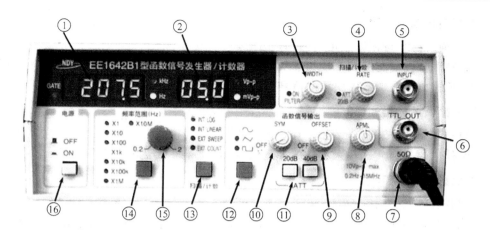

图 1.3　EE1642B1 型函数信号发生器面板图

（8）函数信号输出幅度调节旋钮⑧：调节范围为 20 dB。

（9）输出函数信号的直流电平预置调节旋钮⑨：调节范围为 $-5\sim+5$ V（50 Ω 负载）。当电位器处在"关"的位置时，为 0 电平。

（10）输出波形对称性调节旋钮⑩：调节此旋钮可改变输出信号的对称性。当电位器处于关的位置时，输出对称信号。

（11）函数信号输出幅度衰减开关⑪："20 dB""40 dB"二键均不按下，输出信号不衰减，直接输出到插座口。按下"20 dB"或"40 dB"键，则可选择 20 dB 或 40 dB 衰减。若上述二键同时按下，则衰减 60 dB。

（12）函数输出波形选择按钮⑫：可选择输出正弦波、三角波或脉冲波。

（13）"扫描/计数"按钮⑬：可选择多种扫描方式和外测频方式。

（14）频率范围选择按钮⑭：选择输出信号频率的范围。

（15）频率调节按钮⑮：在选定的范围内调节输出信号频率。

（16）电源开关⑯：此键按下时，接通电源，整机工作。此键释放关掉整机电源。

2. 50 Ω 主函数信号输出

（1）由前面板插座⑦连接测试电缆（一般要接 50 Ω 匹配器），输出函数信号。

（2）由频率选择按钮⑭选定输出函数信号的频段，由频率调节旋钮调整输出信号频率，直到所需之值。

（3）由波形选择按钮⑫选定输出波形的种类：正弦波、三角波或脉冲波。

（4）由信号幅度衰减器按钮⑪和幅度调节旋钮⑧调节输出信号的幅度。

（5）信号直流电平调节旋钮⑨调整输出信号的直流电平。

（6）输出波形对称调节旋钮⑩可改变输出脉冲信号占空比，与此类似，输出波形为三角波或正弦波时，可使三角波变为锯齿波，正弦波变为上升半周和下降半周分别为不同角频率的正弦波形。

3. TTL 脉冲信号输出

（1）由输出插座⑥连接测试电缆（不接 50 Ω 匹配器），输出 TTL 脉冲信号。

（2）除信号电平为标准 TTL 电平外，其重复频率、操作方法与函数输出信号相同。

4．内扫描扫频信号输出

（1）"扫描/计数"按钮⑬选定为内扫描方式。

（2）分别调节扫描宽度调节旋钮③和扫描速率调节旋钮④获得所需的扫描信号输出。

（3）函数输出插座⑦、TTL 脉冲信号输出插座⑥均输出相应的内扫描的扫频信号。

5．外扫描调频信号输出

（1）"扫描/计数"按钮⑬选定为"外扫描方式"。

（2）由外部输入插座⑤输入相应的控制信号，即可得到相应的受控扫描信号。

6．外测频功能检查

（1）"扫描/计数"按钮⑬选定为"外计数方式"。

（2）用本仪器提供的测试电缆，将函数信号引入外部输入插座⑤，观察显示频率应与"内测量"时相同。

1.3.4 AFG310 型任意函数波形发生器简介

1．概述

AFG310 型任意函数波形发生器是由泰克（Tektronix）公司生产的高档便携式信号发生器，它具有任意波形编辑功能和标准波形发生器功能，输出信号波形、频率和幅度可通过面板的按键选定，并在显示屏上直接显示出来。频率显示位数为 7 位，幅度显示位数为 4 位。

其主要特性如下。

（1）可产生正弦波、方波、矩形波、三角波、锯齿波以及直流和随机噪声七种标准函数波形。

（2）输出信号的频率最高达 16 MHz。

（3）输出阻抗为 50 Ω。

（4）有三种编辑模式：连续模式、触发模式和脉冲模式。

（5）有四种调制函数：扫频、调频、移频键控和调幅。

（6）可通过编辑功能创建和编辑波形，具有 4 个用户波形存储器。

（7）具有 20 个设置存储器，用来存储和调用对输出信号的设置。

2．前面板各部分的名称和作用

AFG310 型任意函数发生器的前面板如图 1.4 所示，各部分的名称和作用如下。

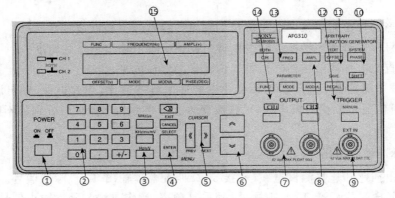

图 1.4 AFG310 型任意函数发生器面板图

① 电源开关(POWER)。

② 数字键:包括数字、小数点、符号输入键等。

③ 单位键:输入数字后需键入单位,有频率单位(MHz、kHz、Hz 等)、时间单位(μs、ms 等)、电压单位(V、mV 等)三个键。

④ 确认键:包括回车(ENTER)、取消(CANCEL)、删除三个键。按回车键是确认输入数据有效,按删除键是删除光标左侧的数字、小数点、符号等,按取消键是取消前面输入的值。

⑤ 光标左、右移动键(《、》):用以改变屏幕上光标的左、右位置。

⑥ 光标上、下移动及数值增减键(∧、∨):用以改变屏幕上光标的上、下位置及改变数值。

⑦ 信号输出端口:输出阻抗为 50 Ω。其上方有一输出开关,开关按下时,输出端口可输出波形,CH1 指示灯亮。

⑧ 输出幅度设置键(AMPL):幅度设置范围为 50 mV 至 10.00 V(峰峰值),当输出端接 50 欧姆负载时,输出幅度与屏幕上显示的值相一致。

⑨ 外触发输入端口:输入阻抗为 10 kΩ。

⑩ 相位设置键(PHASE)。

⑪ 直流偏置设置键(OFFSET)。

⑫ 设置存储/调出键。

⑬ 输出信号频率设置键(FREQ)。

⑭ 参数输入键:包括波形选择键(FUNC)、模式键(MODE)、调制选择键(MODUL)。

⑮ 屏幕显示窗:显示窗显示的内容如图 1.5 所示。

图 1.5　屏幕显示窗

3. 使用说明

下面以产生幅度为 1.0 V、直流偏置量为 0.5 V、频率为 10 kHz 的三角波为例来说明 AFG310 型函数波形发生器的使用方法。

注意,例中的幅度设置是在函数波形发生器的输出端接有 50 Ω 匹配负载时的设置方法,如果输出端所接负载变化,其输出电压将随之变化。如输出端开路,输出电压及直流偏置量将是接有 50 Ω 匹配负载时的两倍。

(1) 设置波形类型

按下波形选择键"FUNC",此时液晶显示器 FUNC 的下方显示出"SINE"字样,且光标位于"SINE"处;再按光标上、下移动及数值增、减键(∧、∨),直到 FUNC 下方的显示变为

"TRIA",再按"ENTER"键确认,此时波形发生器输出波形设定为三角波。

（2）设置频率

按下频率设置键"FREQ",此时液晶显示器的光标在 FREQUENCY 下方的数值处。再按光标上、下移动及数值增、减键(⌃、⌄),直到频率显示为 10.000 0 k;或使用数字键直接键入数字,使频率显示为"10",再按"单位键 kHz",最后按"ENTER"键确认。

（3）设置幅值

按下幅度设置键"AMPL",此时液晶显示器的光标在 AMPL 处。按光标上、下移动及数值增、减键(⌃、⌄),直到幅度显示为"1.000",或直接键入数字"1.0",再按"单位键 V",最后按"ENTER"键进行确认。

以上三步操作完成了输出波形的种类、频率与幅度的设置,波形发生器就产生了相应的输出,在示波器上就可以看到以零线对称、幅度为 1.0 V、频率为 10 kHz 的三角波了。

（4）直流偏移值设置

AFG310 型波形发生器在默认状态下偏移值为 0,即 OFFSET(V)为 0.000,输出波形是以零线为对称的信号。若使例中的电压波形处于 0～1.0 V 之间,就需要调整波形发生器的输出偏移值,其偏移值为 0.5 V。

操作步骤如下:按下直流偏置设置键"OFFSET",此时液晶显示器的光标在 OFFSET 处;再按光标上、下移动及数值增、减键(⌃、⌄),或键入数字,使 OFFSET 显示为"0.5",按"单位键 V",最后按"ENTER"键确认。

以上简单地介绍了 AFG310 型波形发生器的特点、技术指标及使用方法,限于篇幅,关于 AFG310 型波形发生器其他功能及其应用请参阅相关的技术说明书。

1.4　示波器的原理和使用

示波器能够显示各种电信号的波形,一切可以转化为电压的电学量和非电学量及它们随时间作周期性变化的过程都可以用示波器来观测,示波器是一种用途十分广泛的测量和显示仪器。目前大量使用的示波器有两种:模拟示波器和数字示波器。模拟示波器发展较早,技术已经非常成熟。随着数字技术的飞速发展,数字示波器拥有了许多模拟示波器不具备的优点:能长时间保存信号;测量精度高;具有很强的信号处理能力;具有输入输出功能,可以与计算机或其他外设相连实现更复杂的数据运算或分析;具有先进的触发功能;等等。而且随着相关技术的进一步发展,其使用范围将更加广泛。所以,学习示波器,尤其是数字示波器十分重要。

1.4.1　模拟示波器

示波器的电路组成是多样而复杂的,这里仅就主要部分加以介绍。示波器的主要部分有示波管、带衰减器的 Y 轴放大器、带衰减器的 X 轴放大器、扫描发生器(锯齿波发生器)、触发同步和电源等,其结构如图 1.6 所示。

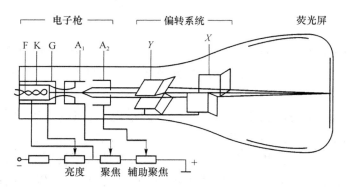

图 1.6　模拟示波器的主要结构

1. 示波管

示波管是示波器的主要部分,如同示波器的心脏。示波管主要包括电子枪、偏转系统和荧光屏三部分,全都密封在高真空的玻璃外壳内。下面分别说明各部分的作用。

(1) 电子枪

由灯丝 F、阴极 K、控制栅极 G、第一阳极 A_1 和第二阳极 A_2 五部分组成。灯丝通电后加热阴极,阴极被加热后发射电子。控制栅极是一个顶端开孔的圆筒,套在阴极外面。它的电位比阴极低,对阴极发射出来的电子起控制作用,只有初速度较大的电子才能穿过栅极顶端的小孔然后在阳极加速下奔向荧光屏。示波器面板上的"亮度"调整就是通过调节栅极电位以控制射向荧光屏的电子流密度,从而改变屏上的光斑亮度。阳极电位比阴极电位高很多,电子被它们之间的电场加速形成射线。当控制栅极、第一阳极和第二阳极之间的电位调节合适时,电子枪内的电场对电子射线有聚焦作用,所以第一阳极也称聚焦阳极。面板上的"聚焦"调节,就是调第一阳极电位,使荧光屏上的光斑成为明亮、清晰的小圆点。第二阳极电位更高,又称加速阳极。

(2) 偏转系统

它由两对相互垂直的偏转板组成,一对竖直偏转板 Y,一对水平偏转板 X。在偏转板上加以适当电压,电子束通过时,其运动方向发生偏转,从而使电子束在荧光屏上的光斑位置发生改变。

(3) 荧光屏

它是示波器的显示部分,当加速聚焦后的电子打到荧光上时,屏上所涂的荧光物质就会发光,从而显示出电子束的位置。

由此可知,光点在荧光屏上偏移的距离与偏转板上所加的电压成正比,因而可将电压的测量转化为屏上光点偏移距离的测量,这就是示波器测量电压的原理。

2. 信号放大器和衰减器

由于示波管本身的 X 及 Y 轴偏转板的灵敏度不高,当加在偏转板的信号过小时,要预先将小的信号电压加以放大后再加到偏转板上,为此设置 X 轴及 Y 轴电压放大器。同样,当输入信号电压过大时,信号发生畸变,甚至使仪器受损,也要设置衰减器,使过大的信号电压变小以适应仪器要求。

3. 扫描系统

如果只在竖直偏转板(Y 轴)上加一正弦波电压,水平偏转板(X 轴)不加电压,则电子束将随电压的变化只在竖直方向上往复运动,在荧光屏上看到的是一条竖直亮线,如图 1.7(a)所示。

要能显示波形,必须同时在水平偏转板加一扫描电压,使电子束的亮点沿水平方向拉开。这种扫描电压的特点应是:电压随时间成线性关系增加到最大值,然后突然回到最小值,此后再重复变化。这种扫描电压随时间变化的关系曲线形同"锯齿",故称为"锯齿波电压",如图 1.7(b)所示。如果只在水平偏转板(X 轴)加上这样的锯齿波电压,Y 轴不加电压,则电子束偏转电压随时间的变化只在水平方向上往复运动,在荧光屏上看到的是一条水平亮线。

扫描系统也称时基电路,需要指出的是,扫描系统输出的锯齿波扫描电压,只有它的周期与 Y 轴的信号电压的周期完全相等或成严格的整数倍关系时,电子束才能在荧光屏上合成一个或几个完整的波形,而这个过程必须依靠同步电路来达到要求。同步电路的工作方式为,从垂直放大系统中取出部分待测信号作为触发信号送入到触发器中,驱动触发器产生触发脉冲,从而迫使 X 轴的水平扫描信号的周期与 Y 轴的待测信号周期同步。这样在荧光屏上就显示了由 X 轴与 Y 轴合成的完整的波形,如图 1.8 所示。

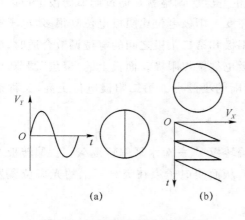

图 1.7　Y 轴和 X 轴分别加电压

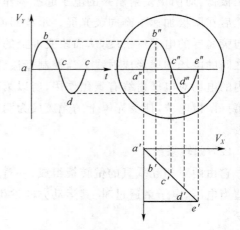

图 1.8　Y 轴和 X 轴同时加电压

1.4.2　数字存储示波器

数字存储示波器是新一代的示波器,它把输入的模拟信号转换成数字信号,采用液晶显示屏,像计算机一样,它内部编有很多程序和命令,所以它不仅能显示信号,而且能对信号进行各种各样的处理,如存储比较、数学运算等,数字示波器比模拟示波器更先进,功能更强大,使用更方便。数字示波器由信号放大电路、高速模/数转换器、中央处理器、存储器和液晶显示器(包括驱动电路)组成。

图 1.9 为数字存储示波器的面板图,它包括几大功能区和若干常用功能键,每个功能区都在一个方框内,每个功能区又包括几个按键和旋钮,每个按键都有相应的菜单,菜单里有各种选择。下面就其中的主要功能分别予以介绍。

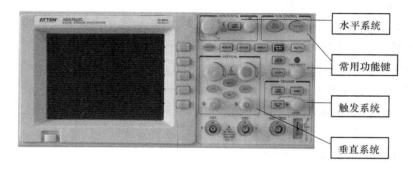

图 1.9　数字存储示波器面板图

1. 垂直系统(VERTICAL)

垂直系统的功能为调节信号(波形)在竖直方向的幅度和位置。CH1 和 CH2 为两个波道的选择按键,上面两个旋钮分别为两个波道的竖直幅度调节,下面两个旋钮分别为两个波道的波形竖直位移调节,中间的 MATH 键为数学运算,在它的菜单里选择操作,可对两个波道的波形进行加、减、乘、除运算。REF 键为存储比较,可将当前波形存储,与后面的波形进行比较。

2. 水平系统(HORIZONTAL)

水平系统的功能为调节波形在水平方向的幅度和位置。最左边的旋钮为扫描时间调节,中间的按键为水平设置,在它的菜单里可以进行视窗大小的设定和波形局部的放大。最右边的旋钮为波形的水平位移。

3. 触发系统(TRIGGER)

触发系统的功能为确定示波器开始采集数据和显示波形的时间。正确设置触发系统,示波器就能将不稳定的显示结果或空白显示屏转换为有意义的波形。在触发控制区有一个旋钮和三个按键。

- "LEVEL"旋钮:触发电平,设定触发点对应的信号电压,以便进行采样。
- "SET TO 50%"按钮:设置触发电平为待测信号幅值的垂直中点。
- "FORCE"按钮:强制产生一触发信号,主要应用于触发方式中的正常和单次模式。
- "TRIG MENU"按钮:显示"触发菜单",可通过该菜单选择触发信号的来源(哪一个波道),以及触发信号的类型(上升沿或下降沿)。

4. 常用功能键

在示波器面板右侧中上部,有一排常用功能键。

(1) 自动键"AUTO"

这是一个非常重要的按键,它的功能是捕捉信号和更新信号。开机后,先按它,会把所有的信号捕捉进来,并且自动在屏幕上显示一个大小最合适的波形。当信号发生变化时,按它,会把变化后的信号捕捉进来,所以它是一个最重要也最常用的功能键。

(2) 光标测量功能键"CURORS"

使用光标测量功能可以通过移动成对出现的光标,并从显示读数中读取它们的数值,从而测量波形上任何一部分的电压或时间。

- 电压光标:电压光标在显示屏上以水平线出现,可测量垂直参数。
- 时间光标:时间光标在显示屏上以竖直线出现,可测量水平参数。
- 光标移动:使用"万能"旋钮来移动光标 1 和光标 2。只有光标菜单显示时才能移动光标。

(3) 自动测量功能键"MEASURE"

在"自动测量"菜单中系统可以分别显示被测信号的 11 种信息,包括最大值、最小值、峰-峰值和均方根值等,还有一个"全部测量"选项,利用此选项可以一次把 11 种信息全部显示在屏幕上。

(4) 信号获取系统功能键"ACQUIRE"

此系统功能可以选择示波器采集数据的 3 种不同方式,即"采样""峰值检测"和"平均值"。

- "采样":以均匀时间间隔对信号进行取样以建立波形,此模式多数情况下可以精确表示信号,但不能采集取样之间可能发生的快速信号变化,有可能导致"假波现象"并可能漏掉窄脉冲,这些情况下应使用"峰值检测"模式。

- "峰值检测":示波器在每个取样间隔中找到输入信号的最大值和最小值并使用这些值显示波形。此模式可以获取并显示可能丢失的窄脉冲,并可避免信号的混淆。但显示的噪声比较大。

- "平均值":示波器采集几个波形,将它们平均,然后显示最终波形。此模式可减少所显示信号中的随机或无关噪音。

(5) 显示系统功能键"DISPLAY"

显示系统设置屏幕的颜色、对比度、网格、信号的显示格式,显示类型以及显示时间。显示格式中,"YT"格式时,横轴为时间,纵轴为电压;"XY"格式时,横轴为 X 方向电压,纵轴为 Y 方向电压,观察李萨如图形时,即用"XY"格式。

(6) 存储系统功能键"SAVE/RECALL"

用来实现信号的存储和调出,存储系统可存储最多 10 个波形,需要时可调出使用。

1.4.3 利用李萨如图形测频率

设两个互相垂直的简谐振动为

$$x = A_1 \cos (2\pi f_1 t + \varphi_1)$$
$$y = A_2 \cos (2\pi f_2 t + \varphi_2)$$

其中，f_1、f_2 为两振动的频率，φ_1、φ_2 为两振动的初相。当 $f_1 \ne f_2$ 时，以上两个振动的合成轨迹比较复杂，但当 f_1 与 f_2 成简单的整数比时，两个振动的合成轨迹为封闭稳定的几何图形，这些图形称为李萨如图形，如图 1.10 所示。

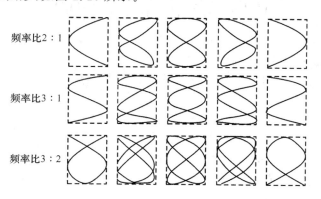

图 1.10　李萨如图形

李萨如图形有如下规律：设 X 方向和 Y 方向的简谐振动的频率分别为 f_x 和 f_y，李萨如图形在 X 方向和 Y 方向的切点的个数分别为 n_x 和 n_y，则

$$f_x : f_y = n_y : n_x$$

因此，若已知其中一个信号的频率，从李萨如图形上数得切点个数 n_x 和 n_y，就可以求出另一待测信号的频率，图中左侧为频率比 $f_x : f_y$。

1.4.4　同方向、相近频率的简谐振动的合成拍

两个分振动

$$x_1 = A_0 \cos \omega_1 t$$
$$x_2 = A_0 \cos \omega_2 t$$

其中，$\omega_1 \approx \omega_2$。

线性相加：

$$x = x_1 + x_2 = 2A_0 \cos \frac{\omega_1 - \omega_2}{2} t \cos \frac{\omega_1 + \omega_2}{2} t$$

将合成式写成谐振动形式：

$$x = A(t) \cos \overline{\omega} t$$

其中，

$$A(t) = 2A_0 \cos \frac{\omega_1 - \omega_2}{2} t$$

合振动可看作振幅缓变的简谐振动，如图 1.11 所示。

- 拍：合振动的周期性的时强时弱的现象称作拍。
- 拍频：单位时间内合振动加强或减弱的次数。

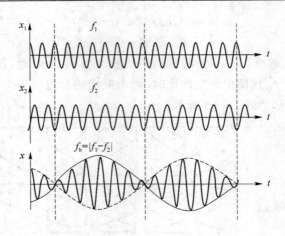

图 1.11　拍的合成

$$f_b = |f_2 - f_1| \quad 或 \quad \omega_b = |\omega_2 - \omega_1|$$

其中，f_b 即 $A^2(t)$ 或 $|A(t)|$ 的变化频率。

第2章

模拟电路实验

实验一　电工实验装置和万用表的使用

一、实验目的

（1）学习电子电路实验中常用的电子仪器——示波器、函数信号发生器、直流稳压电源、交流毫伏表、频率计等的主要技术指标、性能及正确使用方法。

（2）初步掌握用双踪示波器观察正弦信号波形和读取波形参数的方法。

二、预习要求

阅读有关示波器的内容。

三、实验仪器与设备

函数信号发生器 YB1638；双踪示波器 CS-4125；交流毫伏表；万用电表。

四、实验原理与说明

在模拟电子电路实验中，经常使用的电子仪器有示波器、函数信号发生器、直流稳压电源、交流毫伏表及频率计等。它们和万用电表一起，可以完成对模拟电子电路的静态和动态工作情况的测试。

实验中要对各种电子仪器进行综合使用，可按照信号流向，以连线简捷，调节顺手，观察与读数方便等原则进行合理布局，各仪器与被测实验装置之间的布局与连接如图 2.1 所示。接线时应注意，为防止外界干扰，各仪器的共公接地端应连接在一起，称共地。信号源和交流毫伏表的引线通常用屏蔽线或专用电缆线，示波器接线使用专用电缆线，直流电源的接线用普通导线。

1. 示波器

示波器是一种用途很广的电子测量仪器，它既能直接显示电信号的波形，又能对电信号进行各种参数的测量。现着重指出下列几点：

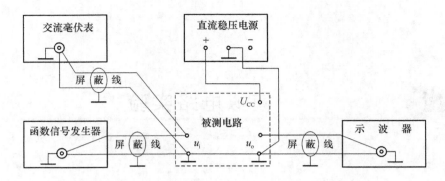

图 2.1　模拟电子电路中常用电子仪器布局图

（1）寻找扫描光迹

将示波器 Y 轴显示方式置"Y_1"或"Y_2"，输入耦合方式置"GND"，开机预热后，若在显示屏上不出现光点和扫描基线，可按下列操作去找到扫描线：①适当调节亮度旋钮；②触发方式开关置"自动"；③适当调节垂直（↕）、水平（⇄）"位移"旋钮，使扫描光迹位于屏幕中央。（若示波器设有"寻迹"按键，可按下"寻迹"按键，判断光迹偏移基线的方向。）

（2）双踪示波器一般有 5 种显示方式，即"Y_1""Y_2""Y_1+Y_2"三种单踪显示方式和"交替""断续"两种双踪显示方式。"交替"显示一般适宜于输入信号频率较高时使用。"断续"显示一般适宜于输入信号频率较低时使用。

（3）为了显示稳定的被测信号波形，"触发源选择"开关一般选为"内"触发，使扫描触发信号取自示波器内部的 Y 通道。

（4）触发方式开关通常先置于"自动"调出波形后，若被显示的波形不稳定，可置触发方式开关于"常态"，通过调节"触发电平"旋钮找到合适的触发电压，使被测试的波形稳定地显示在示波器屏幕上。

有时，由于选择了较慢的扫描速率，显示屏上将会出现闪烁的光迹，但被测信号的波形不在 X 轴方向左右移动，这样的现象仍属于稳定显示。

（5）适当调节"扫描速率"开关及"Y 轴灵敏度"开关使屏幕上显示 1～2 个周期的被测信号波形。在测量幅值时，应注意将"Y 轴灵敏度微调"旋钮置于"校准"位置，即顺时针旋到底，且听到关的声音。在测量周期时，应注意将"X 轴扫速微调"旋钮置于"校准"位置，即顺时针旋到底，且听到关的声音。还要注意"扩展"旋钮的位置。

根据被测波形在屏幕坐标刻度上垂直方向所占的格数（div 或 cm）与"Y 轴灵敏度"开关指示值（v/div）的乘积，即可算得信号幅值的实测值。

根据被测信号波形一个周期在屏幕坐标刻度水平方向所占的格数（div 或 cm）与"扫速"开关指示值（t/div）的乘积，即可算得信号频率的实测值。

2．函数信号发生器

函数信号发生器按需要输出正弦波、方波、三角波 3 种信号波形。输出电压最大可达 $20V_{P-P}$。通过输出衰减开关和输出幅度调节旋钮，可使输出电压在毫伏级到伏级范围内连续调节。函数信号发生器的输出信号频率可以通过频率分挡开关进行调节。

函数信号发生器作为信号源，它的输出端不允许短路。

3. 交流毫伏表

交流毫伏表只能在其工作频率范围之内,用来测量正弦交流电压的有效值。为了防止过载而损坏,测量前一般先把量程开关置于量程较大位置上,然后在测量中逐挡减小量程。

五、实验内容与步骤

1. 用机内校正信号对示波器进行自检

（1）扫描基线调节

将示波器的显示方式开关置于"单踪"显示（Y_1 或 Y_2），输入耦合方式开关置于"GND",触发方式开关置于"自动"。开启电源开关后,调节"辉度""聚焦""辅助聚焦"等旋钮,使荧光屏上显示一条细而且亮度适中的扫描基线。然后调节"X 轴位移"（⇄）和"Y 轴位移"（↑↓）旋钮,使扫描线位于屏幕中央,并且能上下左右移动自如。

（2）测试"校正信号"波形的幅度、频率

将示波器的"校正信号"通过专用电缆线引入选定的 Y 通道（Y_1 或 Y_2），将 Y 轴输入耦合方式开关置于"AC"或"DC",触发源选择开关置于"内",内触发源选择开关置于"Y_1"或"Y_2"。调节 X 轴"扫描速率"开关（t/div）和 Y 轴"输入灵敏度"开关（v/div）,使示波器显示屏上显示出一个或数个周期稳定的方波波形。

① 校准"校正信号"幅度

将"Y 轴灵敏度微调"旋钮置"校准"位置,"Y 轴灵敏度"开关置适当位置,读取校正信号幅度,记入表 2.1 中。

表 2.1　机内校正信号测试

	标 准 值	实 测 值
幅度 V_{P-P}/V		
频率 f/kHz		
上升沿时间/μs		
下降沿时间/μs		

注:不同型号示波器标准值有所不同,请按所使用示波器将标准值填入表格中。

② 校准"校正信号"频率

将"扫速微调"旋钮置"校准"位置,"扫速"开关置适当位置,读取校正信号周期,记入表 2.1 中。

③ 测量"校正信号"的上升时间和下降时间

调节"Y 轴灵敏度"开关及微调旋钮,并移动波形,使方波波形在垂直方向上正好占据中心轴上,且上、下对称,便于阅读。通过扫速开关逐级提高扫描速度,使波形在 X 轴方向扩展（必要时可以利用"扫速扩展"开关将波形再扩展 10 倍）,并同时调节触发电平旋钮,从显示屏上清楚的读出上升时间和下降时间,记入表 2.1 中。

2. 用示波器和交流毫伏表测量信号参数

调节函数信号发生器有关旋钮,使输出频率分别为 100 Hz、1 kHz、10 kHz、100 kHz,有效值均为 1 V（交流毫伏表测量值）的正弦波信号。

改变示波器"扫速"开关及"Y轴灵敏度"开关等位置,测量信号源输出电压频率及峰-峰值,记入表2.2中。

表2.2　用示波器和交流毫伏表测量信号参数数据记录表

信号电压频率	示波器测量值		信号电压毫伏表读数/V	示波器测量值	
	周期/ms	频率/Hz	读数/V	峰-峰值/V	有效值/V
100 Hz					
1 kHz					
10 kHz					
100 kHz					

3. 示波器使用练习

参考表2.2,完成表2.3内容,实际上,表2.2与表2.3可以统一起来一并操作完成。

表2.3　示波器使用练习数据记录表

信号源频率（正弦）	由毫伏表测信号源输出	示波器												
		垂直轴向					水平轴向		触发		探头衰减	计算电压值		计算周期 T 及其频率 f
		工作方式	输入通道	耦合方式	V/div（校准）	峰-峰距离格数	T/div（校准）	每周期的格数	触发源	耦合方式		峰-峰值计算	有效值计算	
100 Hz	5 V													
1 kHz	5 V													
10 kHz	1 V													
100 Hz	10 mV													

注意:信号源地线、毫伏表、示波器探头地线共接在一起。

4. 万用表使用练习(用万用表 Ω 挡测量电阻)

(1)测量电阻时,有必要对电阻元件特性、标称值进行一定的介绍。根据结构的特征电阻器可分为薄型膜电阻器、线绕电阻器、敏感电阻器等。

例:① 碳膜电阻值范围为 $0.75\ \Omega \sim 10\ M\Omega$。

② 金属膜电阻值范围为 $1\ \Omega \sim$ 几百 $M\Omega$,精度可达 0.5%,额定功率一般不超过 2 W。

③ 功率型绕线电阻器阻值通常为 $0.1\ \Omega \sim$ 数百 $k\Omega$,额定功率可达 200 W。

(2)电阻标称值表示法有如下两种。

① 直接表示法:即把数值直接标出。

② 间接标称值:即采用色环表示阻值大小($0.5\ W$ 以下碳膜和金属膜电阻器使用色标较普遍)分为三环色标(精度均为 $\pm20\%$)、四环色标(包括精度环)和五环色标(包括精度环)。各色别表示对应标称阻值环位数字如表2.4所示。

色环精度环各色别对应误差如表2.5所示。

表 2.4　色环表示法

棕	红	橙	黄	绿	蓝	紫	灰	白	黑	金	银
1	2	3	4	5	6	7	8	9	0	0.1	0.01

表 2.5　误差环表示法

棕	红	绿	蓝	紫	金	银
±1%	±2%	±0.5%	±0.2%	±0.1%	±5%	±10%

对于三环电阻器,第一环、第二环分别为高位、低位,第三环为倍率(10^n),误差为 20%。

对于四环电阻器,第三环为倍率(10^n)、第四环为误差环。

对于五环电阻器,第四环为倍率(10^n)、第五环为误差环。

误差环宽度要稍大些。

例如,图 2.2 所示电阻器阻值为 $270×10^3 = 270 \text{ k}\Omega$,其误差为 ±5%。

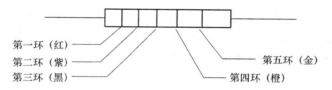

第一环（红）
第二环（紫）
第三环（黑）
第五环（金）
第四环（橙）

图 2.2　电阻色环含义

按部标电阻系列,其 E24 系列标称值的数字为 1.0、1.1、1.2、1.3、1.5、1.6、1.8、2.0、2.2、2.4、2.7、3.0、3.3、3.6、3.9、4.3、4.7、5.1、5.6、6.2、6.8、7.5、8.2、9.1,其具体取值再乘 10^n（n 为正整数或负整数）,该系列也适用于电位器和电容器。

(3) 电阻器类型的选择方法如下:

• 如要求精度高、稳定性能好,可从金属膜电阻器中进行选择;如要求不高可选择体积小的碳膜电阻器。

• 在高温条件下,可选用硅碳膜、金属膜、金属氧化膜电阻器;在低噪声电路中,可选金属膜或线绕电阻器;在高频电路中,不能选用线绕电阻器,一般可选金属膜电阻器。

• 若需较精确的电阻器要从材料、结构、具体特性这几个方面去进行挑选,具体可查相关资料。

按照所给的电阻元件,完成表 2.6。

表 2.6　用万用表测量电阻数据记录表

电阻顺序	电阻实际值(测量)	万用表 R×? 挡	电阻标称值(读色环)
1			
2			
3			
4			
5			

六、实验报告要求

整理实验数据,并进行分析。

七、问题

(1) 如何操作示波器有关旋钮,以便从示波器显示屏上观察到稳定、清晰的波形?

(2) 用双踪显示波形,并要求比较相位时,为在显示屏上得到稳定波形,应怎样选择下列开关的位置?

① 显示方式选择(Y_1;Y_2;Y_1+Y_2;交替;断续)

② 触发方式(常态;自动)

③ 触发源选择(内;外)

④ 内触发源选择(Y_1;Y_2;交替)

(3) 函数信号发生器有哪几种输出波形? 它的输出端能否短接,如用屏蔽线作为输出引线,则屏蔽层一端应该接在哪个接线柱上?

(4) 交流毫伏表是用来测量正弦波电压还是非正弦波电压? 它的表头指示值是被测信号的什么数值? 它是否可以用来测量直流电压的大小?

实验二　单级共射放大电路

一、实验目的

(1) 掌握单级共射放大电路静态工作点的测量和调整方法。

(2) 了解电路参数变化对静态工作点的影响。

(3) 掌握单级共射放大电路动态指标的测量方法。

(4) 学习幅频特性的测量方法。

二、预习要求

(1) 复习单级共射放大电路静态工作点的设置。

(2) 根据图 2.3 所示参数,估算获得最大不失真输出电压的静态工作点 Q(设 $\beta=50$)。

(3) 复习模拟电路电压放大倍数、输入电阻以及输出电阻的计算方法。

(4) 复习饱和失真和截止失真的产生原因,并分析判断该实验电路在哪种情况下可能产生饱和失真? 在哪种情况下可能产生截止失真?

三、实验仪器与设备

+12 V 直流电源;函数信号发生器;双踪示波器;交流毫伏表;直流电压表;直流毫安表;频率计;万用电表;模拟电子线路实验箱。

四、实验原理与说明

1. 参考实验电路

如图 2.3 所示,其中三极管选用硅管 3DG6,电位器 R_p 用来调整静态工作点。

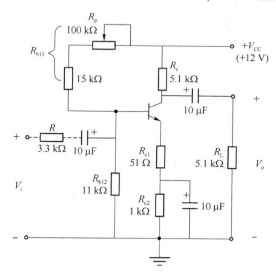

图 2.3 单级共射放大电路

2. 静态工作点的测量

输入交流信号为零($V_i = 0$)时,电路处于静态,三极管各电极有确定不变的电压、电流,在特性曲线上表现为一个确定点,称为静态工作点,即 Q 点。一般用 I_B、I_C 和 V_{CE}(或 I_{BQ}、I_{CQ} 和 V_{CEQ})表示静态工作点。

实际应用中,直接测量 I_{CQ} 需要断开集电极回路,比较麻烦,所以通常的做法是采用电压测量的方法来换算电流:先测出发射极对地电压 V_E,再利用公式 $I_{CQ} \approx I_{EQ} = \dfrac{V_E}{R_E}$,算出 I_{CQ}(此法应选用内阻较高的电压表)。

在半导体三极管放大器的图解分析中已经学习到,为了获得最大不失真的输出电压,静态工作点应该选在输出特性曲线上交流负载线的中点。若静态工作点选得太高,容易引起饱和失真;反之又引起截止失真(如图 2.4 所示)。对于线形放大电路,这两种工作点都是不合适的,必须对其进行调整。此实验电路中,即通过调节电位器 R_p 来实现静态工作点的调整:R_p 调小,工作点增高;R_p 调大,工作点降低。值得注意的是,实验过程中应避免输入信号过大导致三极管工作在非线性区,否则即使工作点选择在交流负载线的中点,输出电压波形仍可能出现双向失真。

3. 电压放大倍数的测量

电压放大倍数 A_V 是指输出电压与输入电压的有效值之比:$A_V = \dfrac{V_o}{V_i}$。

实验中可以用万用表分别测量出输入、输出电压,从而计算出输出波形不失真时的电压放大倍数。

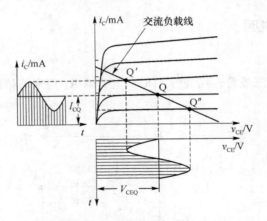

图 2.4　电路参数对静态工作点的影响

同时,对于图 2.3 所示电路参数,其电压放大倍数 $\dot{A}_V$ 和三极管输入电阻 r_{be} 分别为

$$\bar{A}_V = -\frac{\beta(R_c \; // \; R_L)}{r_{be} + (1+\beta)R_{el}}$$

$$r_{be} = 300 + (1+\beta)\frac{26\,\text{mV}}{I_{EQ}}$$

其中,I_{EQ} 的单位为 mV。

4. 输入电阻的测量

输入电阻的测量原理如图 2.5 所示。

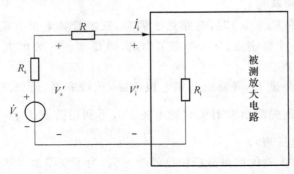

图 2.5　测试输入电阻原理图

电阻 R 的阻值已知,只需用万用表分别测出 R 两端的电压 V'_s 和 V_i,即有

$$R_i = \frac{V_i}{I_i} = \frac{V_i}{(V'_s - V_i)/R} = \frac{V_i}{V'_s - V_i}R$$

R 的阻值最好选取和 R_i 同一个数量级,太大易引入干扰;太小则易引起较大的测量误差。

5. 输出电阻的测量

输出电阻的测量原理如图 2.6 所示。

令 R_L 开路用万用表分别测量出输出端开路电压 V_o 和接入负载 R_L 电阻上的电压 V_{oL},则输出电阻 R_o 可通过计算求得。(取 R_L 和 R_o 的阻值为同一数量级以使测量值尽可能精确。)

$$V_{oL} = \frac{V_o}{R_o + R_L} \cdot R_L$$

$$R_\mathrm{o} = \frac{V_\mathrm{o} - V_\mathrm{oL}}{V_\mathrm{oL}} \cdot R_\mathrm{L}$$

6. 幅频特性的测量

在输入正弦信号情况下,放大电路输出随输入信号频率连续变化的稳态响应,称为该电路的频率响应。其幅频特性即指放大器的增益与输入信号频率之间的关系曲线。一般采用逐点法进行测量。在保持输入信号幅度不变的情况下,改变输入信号的频率,逐点测量对应于不同频率时的电压增益,用对数坐标纸画出幅频特性曲线。通常将放大倍数下降到中频电压放大倍数的 0.707 倍时所对应的频率称为上、下限截止频率(f_H、f_L)。

$\mathrm{BW} = f_\mathrm{H} - f_\mathrm{L} \approx f_\mathrm{H}$ 称为带宽,如图 2.7 所示。

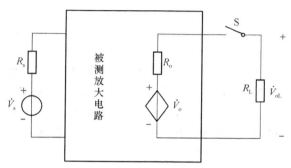

图 2.6　测试输出电阻原理图

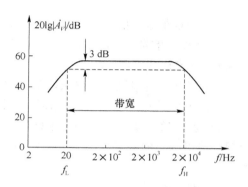

图 2.7　幅频特性曲线

五、实验内容与步骤

(1) 单级共射放大电路,经检查无误后,按通预先调整好的直流电源 +12 V 和地线。

(2) 测试电路在线性放大状态时的静态工作点。

从信号发生器输出 $f = 1\ \mathrm{kHz}$,$V_\mathrm{i} = 30\ \mathrm{mV}$(有效值)的正弦电压到放大电路的输入端,将放大电路的输出电压接到双踪示波器 Y 轴输入端,调整电位器 R_p,使示波器上显示的 V_o 波形达到最大不失真,然后关闭信号发生器,即 $V_\mathrm{i} = 0$,测试此时的静态工作点,填入表 2.7 中。

表 2.7　静态工作点测试数据记录表

V_E/V	$I_\mathrm{CQ}/\mathrm{mA}(\approx V_\mathrm{E}/R_\mathrm{e})$	$V_\mathrm{CEQ}/\mathrm{V}$	V_BE/V

(3) 测试电压放大倍数 A_V。

① 从信号发生器送入 $f = 1\ \mathrm{kHz}$,$V_\mathrm{i} = 30\ \mathrm{mV}$ 的正弦电压,用万用表测量输出电压 V_o,计算电压放大倍数 $A_V = \dfrac{V_\mathrm{o}}{V_\mathrm{i}}$。

② 用示波器观察 V_i 和 V_o 电压的幅值和相位。

把 V_i 和 V_o 分别接到双踪示波器的 CH1 和 CH2 通道上,在荧光屏上观察它们的幅值大小和相位。

(4) 了解由于静态工作点设置不当,给放大电路带来的非线性失真现象。

调节电位器 R_p,分别使其阻值减少或增加,观察输出波形的失真情况,分别测出相应的静态工作点,测量方法同实验内容 2,将结果填入表 2.8 中。

表 2.8　失真情况下数据测试记录表

工作状态	输出波形	静态工作点		
		I_{CQ}/mA	V_{CEQ}/V	V_{BE}/V

(5) 测量单级共射放大电路的通频带。

① 当输入信号 $f=1$ kHz,$V_i=30$ mV,$R_L=5.1$ kΩ,在示波器上测出放大器中频区的输出电压 V_{oP-P}(或计算出电压增益)。

② 增加输入信号的频率(保持 $V_i=30$ mV 不变),此时输出电压将会减小,当其下降到中频区输出电压的 0.707(-3 dB)倍时,信号发生器所指示的频率即为放大电路的上限频率 f_H。

③ 同理,降低输入信号的频率(保持 $V_i=30$ mV 不变),输出电压同样会减小,当其下降到中频区输出电压的 0.707(-3 dB)倍时,信号发生器所指示的频率即为放大电路的下限频率 f_L。

④ 通频带 BW $=f_H-f_L$。

(6) 输入电阻 R_i 的测量。

按图 2.5 接入电路。取 $R=1$ kΩ,用万用表分别测出 V_s' 和 V_i,则

$$R_i = \frac{V_i}{V_s'-V_i}R$$

此外,还可以用一个可变电阻箱来代替 R,调节电阻箱的值,是 $V_i=\frac{1}{2}V_s'$,则此时电阻箱所示阻值即为 R_i 的阻值。这种测试方法通常称为"半压法"。

(7) 输出电阻 R_o 的测量。

按图 2.6 接入电路。取 $R_L=5.1$ kΩ,用万用表分别测出 $R_L=\infty$ 时的开路电压 V_o 及 $R_L=5.1$ kΩ 时的输出电压 V_{oL},则

$$R_o = \frac{V_o-V_{oL}}{V_{oL}}R_L$$

六、注意事项

(1) 图 2.3 实验时 3.3 kΩ 可不接,接上是为了帮助测输入电阻。

(2) 按图 2.3 所需定值电阻与实验库板对应定值电阻用短实验导线相连,可调电阻与实验箱工具区 100 kΩ 用长实验导线相连,电源+12 V,GND 用长实验导线相连,信号输入与实验箱工具区信号源输出端用长实验导线相连。

七、实验报告要求

(1) 认真记录和整理测试数据,按要求填入表格并画出波形图。

(2) 对测试结果进行理论分析,找出产生误差的原因。

八、问题

(1) 加大输入信号 V_i 时,输出波形可能会出现哪几种失真?分别是由什么原因引起的?

(2) 影响放大器低频特性 f_L 的因素有哪些?采取什么措施使 f_L 降低?

(3) 提高电压放大倍数 A_V 会受到哪些因素限制?

(4) 测量输入电阻 R_i、输出电阻 R_o 时,为什么测试电阻 R 要与 R_i 或 R_o 相接近?

5. 调整静态工作点时,R_{b11} 要用一个固定电阻和电位器串联,而不能直接用电位器,为什么?

实验三　射极跟随器

一、实验目的

(1) 掌握射极跟随器的特性及测试方法。

(2) 进一步学习放大器各项参数测试方法。

二、预习要求

(1) 复习有关射极跟随器的内容,理解射极跟随器的工作原理及其特点。

(2) 根据图 2.9 估算共集放大器的静态工作点、电压放大倍数及输入、输出电阻。

三、实验仪器与设备

＋12 V 直流电源;函数信号发生器;双踪示波器;交流毫伏表;直流电压表;频率计;模拟电子线路实验箱。

四、实验原理与说明

射极跟随器的原理如图 2.8 所示。它是一个电压串联负反馈放大电路,它具有输入电阻高,输出电阻低,电压放大倍数接近于 1,输出电压能够在较大范围内跟随输入电压作线性变化以及输入、输出信号同相等特点。

射极跟随器的输出取自发射极,故称其为射极输出器。

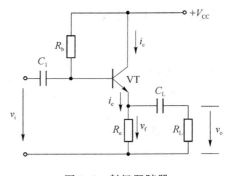

图 2.8　射极跟随器

1. 输入电阻 R_i

图 2.8 电路中,

$$R_i = r_{be} + (1+\beta)R_e$$

如考虑偏置电阻 R_b 和负载 R_L 的影响,则

$$R_i = R_b \mathbin{/\!/} [r_{be} + (1+\beta)(R_e \mathbin{/\!/} R_L)]$$

由上式可知,射极跟随器的输入电阻 R_i 比共射极单管放大器的输入电阻 $R_i = R_b \mathbin{/\!/} r_{be}$ 要高得多,但由于偏置电阻 R_b 的分流作用,输入电阻难以进一步提高。

输入电阻的测试方法同单管放大器,实验线路如图 2.9 所示。

$$R_i = \frac{V_i}{I_i} = \frac{V_i}{V_s - V_i}R$$

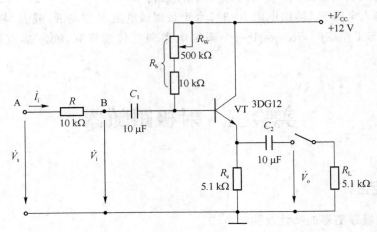

图 2.9　射极跟随器实验电路

即只要测得 A、B 两点的对地电位即可计算出 R_i。

2. 输出电阻 R_o

图 2.8 电路中,

$$R_o = \frac{r_{be}}{\beta} \mathbin{/\!/} R_e \approx \frac{r_{be}}{\beta}$$

如考虑信号源内阻 R_s,则

$$R_o = \frac{r_{be} + (R_s \mathbin{/\!/} R_b)}{\beta} \mathbin{/\!/} R_e \approx \frac{r_{be} + (R_s \mathbin{/\!/} R_b)}{\beta}$$

由上式可知,射极跟随器的输出电阻 R_o 比共射极单管放大器的输出电阻 $R_o \approx R_c$ 低得多。三极管的 β 越高,输出电阻越小。

输出电阻 R_o 的测试方法亦同单管放大器,即先测出空载输出电压 V_o,再测接入负载 R_L 后的输出电压 V_L,根据

$$V_L = \frac{R_L}{R_o + R_L}V_o$$

即可求出 R_o,即

$$R_o = \left(\frac{V_o}{V_L} - 1\right)R_L$$

3. 电压放大倍数

图 2.8 电路中,

$$A_V = \frac{(1+\beta)(R_e \mathbin{/\!/} R_L)}{r_{be} + (1+\beta)(R_e \mathbin{/\!/} R_L)} \leqslant 1$$

上式说明射极跟随器的电压放大倍数小于近于 1,且为正值。这是深度电压负反馈的结果。但它的射极电流仍比基流大 $(1+\beta)$ 倍,所以它具有一定的电流和功率放大作用。

4. 电压跟随范围

电压跟随范围是指射极跟随器输出电压 V_o 跟随输入电压 V_i 作线性变化的区域。当 V_i 超过一定范围时,V_o 便不能跟随 V_i 作线性变化,即 V_o 波形产生了失真。为了使输出电压 V_o 正、负半周对称,并充分利用电压跟随范围,静态工作点应选在交流负载线中点,测量时可直接用示波器读取 V_o 的峰-峰值,即电压跟随范围;或用交流毫伏表读取 V_o 的有效值,则电压跟随范围

$$V_{oP\text{-}P} = 2\sqrt{2}\,V_o$$

五、实验内容与步骤

按图 2.9 组接电路。

1. 静态工作点的调整

接通 +12 V 直流电源,在 B 点加入 $f=1\,\text{kHz}$ 正弦信号 V_i,输出端用示波器监视输出波形,反复调整 R_w 及信号源的输出幅度,使在示波器的屏幕上得到一个最大不失真输出波形,然后置 $V_i=0$,用直流电压表测量晶体管各电极对地电位,将测得的数据记入表 2.9。

表 2.9 静态工作点测试数据记录表

V_E/V	V_B/V	V_C/V	I_E/mA

在下面整个测试过程中应保持 R_w 值不变(即保持静工作点 I_E 不变)。

2. 测量电压放大倍数 A_V

接入负载 $R_L=1\,\text{k}\Omega$,在 B 点加 $f=1\,\text{kHz}$ 正弦信号 V_i,调节输入信号幅度,用示波器观察输出波形 V_o,在输出最大不失真情况下,用交流毫伏表测 V_i、V_L 值。将测得数据记入表 2.10。

表 2.10 电压放大倍数测试数据记录表

V_i/V	V_L/V	A_V

3. 测量输出电阻 R_o

接上负载 $R_L=1\,\text{k}\Omega$,在 B 点加 $f=1\,\text{kHz}$ 正弦信号 V_i,用示波器监视输出波形,测空载输出电压 V_o,有负载时输出电压 V_L,记入表 2.11。

表 2.11 输出电阻测试数据记录表

V_o/V	V_L/V	R_o/kΩ

4. 测量输入电阻 R_i

在 A 点加 $f=1\,\text{kHz}$ 的正弦信号 V_s,用示波器监视输出波形,用交流毫伏表分别测出 A、

B 点对地的电位 V_s、V_i，记入表 2.12。

表 2.12　输入电阻测量数据记录表

V_s/V	V_i/V	$R_i/k\Omega$

5. 测试跟随特性

接入负载 $R_L = 1\,k\Omega$，在 B 点加入 $f = 1\,kHz$ 正弦信号 V_i，逐渐增大信号 V_i 幅度，用示波器监视输出波形直至输出波形达最大不失真，测量对应的 V_L 值，记入表 2.13。

表 2.13　跟随特性数据测量记录表

V_i/V	
V_L/V	

6. 测试频率响应特性

保持输入信号 V_i 幅度不变，改变信号源频率，用示波器监视输出波形，用交流毫伏表测量不同频率下的输出电压 V_L 值，记入表 2.14。

表 2.14　频率响应特性测量数据记录表

f/kHz	
V_L/V	

六、实验报告要求

整理实验数据，并画出曲线 $V_L = f(V_i)$ 及 $V_L = f(f)$。

七、问题

(1) 画出图 2.8 的交流小信号等效电路，根据交流小信号电路求出图 2.8 的输出电阻表达式。

(2) 分析射极跟随器的性能和特点。

实验四　负反馈放大器

一、实验目的

(1) 加深理解负反馈对放大电路性能的影响。

(2) 掌握放大电路开环与闭环特性的测试方法。

二、预习要求

（1）复习教材中有关负反馈放大器的内容。

（2）按图 2.10 估算放大器的静态工作点（取 $\beta_1=\beta_2=100$）。

（3）估算基本放大器的 A_v、R_i 和 R_o；估算负反馈放大器的 A_{vf}、R_{if} 和 R_{of}，并验算它们之间的关系。

（4）如按深负反馈估算，则闭环电压放大倍数 $A_{vf}=$？和测量值是否一致？为什么？

三、实验仪器与设备

+12 V 直流电源；函数信号发生器；双踪示波器；频率计；交流毫伏表；直流电压表；晶体三极管 3DG6×2（$\beta=50\sim100$）或 9011×2；电阻器、电容器（若干）。

四、实验原理与说明

负反馈在电子电路中有着非常广泛的应用，虽然它使放大器的放大倍数降低，但能在多方面改善放大器的动态指标，如稳定放大倍数，改变输入、输出电阻，减小非线性失真和展宽通频带等。因此，几乎所有的实用放大器都带有负反馈。

负反馈放大器有 4 种组态，即电压串联、电压并联、电流串联和电流并联。本实验以电压串联负反馈为例，分析负反馈对放大器各项性能指标的影响。

（1）图 2.10 为带有负反馈的两级阻容耦合放大电路，在电路中通过 R_f 把输出电压 V_o 引回到输入端，加在晶体管 VT_1 的发射极上，在发射极电阻 R_{f1} 上形成反馈电压 V_f。根据反馈的判断法可知，它属于电压串联负反馈。

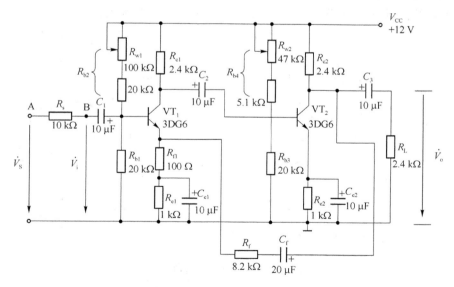

图 2.10　带有电压串联负反馈的两级阻容耦合放大器

主要性能指标如下：

① 闭环电压放大倍数

$$A_{Vf} = \frac{A_V}{1 + A_V F_V}$$

其中,$A_V = \dfrac{V_o}{V_i}$ 为基本放大器(无反馈)的电压放大倍数,即开环电压放大倍数。$1 + A_V F_V$ 为反馈深度,它的大小决定了负反馈对放大器性能改善的程度。

② 反馈系数

$$F_V = \frac{R_{f1}}{R_f + R_{f1}}$$

③ 输入电阻

$$R_{if} = (1 + A_V F_V) R_i$$

其中,R_i 为基本放大器的输入电阻。

④ 输出电阻

$$R_{of} = \frac{R_o}{1 + A_{Vo} F_V}$$

其中,R_o 为基本放大器的输出电阻;A_{Vo} 为基本放大器 $R_L = \infty$ 时的电压放大倍数。

(2) 本实验还需要测量基本放大器的动态参数,怎样实现无反馈而得到基本放大器呢?不能简单地断开反馈支路,而是要去掉反馈作用,但又要把反馈网络的影响(负载效应)考虑到基本放大器中去。为此:

① 在画基本放大器的输入回路时,因为是电压负反馈,所以可将负反馈放大器的输出端交流短路,即令 $V_o = 0$,此时 R_f 相当于并联在 R_{f1} 上。

② 在画基本放大器的输出回路时,由于输入端是串联负反馈,因此需将反馈放大器的输入端(VT$_1$管的射极)开路,此时$(R_f + R_{f1})$相当于并接在输出端。可近似认为 R_f 并接在输出端。

根据上述规律,就可得到所要求的如图 2.11 所示的基本放大器。

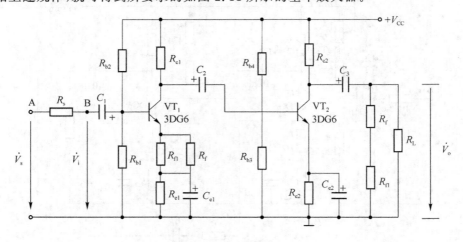

图 2.11 基本放大器

五、实验内容与步骤

1. 调试并测量静态工作点

按图 2.10 连接实验电路,取 $V_{CC} = +12$ V,$V_i = 0$,分别调节 R_{w1}、R_{w2} 使 I_{C1} 约为 2 mA,I_{C2}

约为 2.5 mA,用直流电压表分别测量第一级、第二级的静态工作点,记入表 2.15。

表 2.15 静态工作点测量

	V_b/V	V_e/V	V_c/V	I_c/mA
第一级				
第二级				

2. 测试基本放大器的各项性能指标

将实验电路按图 2.11 改接,即把 R_f 断开后分别并在 R_{f1} 和 R_L 上,其他连线不动。

(1)测量中频电压放大倍数 A_v,输入电阻 R_i 和输出电阻 R_o。

① 以 $f=1$ kHz,V_s 约 5 mV 正弦信号输入放大器,用示波器监视输出波形 V_o,在 V_o 不失真的情况下,用交流毫伏表测量 V_s、V_i、V_L,记入表 2.16。

表 2.16 放大器性能指标测量数据记录表

基本放大器	V_s/mV	V_i/mV	V_L/V	V_o/V	A_V	$R_i/k\Omega$	$R_o/k\Omega$
负反馈放大器	V_s/mV	V_i/mV	V_L/V	V_o/V	A_{Vf}	$R_{if}/k\Omega$	$R_{of}/k\Omega$

② 保持 V_s 不变,断开负载电阻 R_L(注意,R_f 不要断开),测量空载时的输出电压 V_o,记入表 2.16。

(2)测量通频带

接上 R_L,保持(1)中的 V_s 不变,然后增加和减小输入信号的频率,找出上、下限频率 f_H 和 f_L,记入表 2.17。

3. 测试负反馈放大器的各项性能指标

将实验电路恢复为图 2.10 的负反馈放大电路。适当加大 V_s(约 10 mV),在输出波形不失真的条件下,测量负反馈放大器的 A_{Vf}、R_{if} 和 R_{of},记入表 2.16;测量 f_H 和 f_L,记入表 2.17。

表 2.17 通频带测量数据记录表

基本放大器	f_L/kHz	f_H/kHz	$\Delta f/kHz$
负反馈放大器	f_{Lf}/kHz	f_{Hf}/kHz	$\Delta f_f/kHz$

* 4. 观察负反馈对非线性失真的改善

(1)实验电路改接成基本放大器形式,在输入端加入 $f=1$ kHz 的正弦信号,输出端接示波器,逐渐增大输入信号的幅度,使输出波形开始出现失真,记下此时的波形和输出电压的幅度。

(2) 再将实验电路改接成负反馈放大器形式,增大输入信号幅度,使输出电压幅度的大小与(1)相同,比较有负反馈时,输出波形的变化。

六、实验报告要求

(1) 将基本放大器和负反馈放大器动态参数的实测值和理论估算值列表进行比较。

(2) 根据实验结果,总结电压串联负反馈对放大器性能的影响。

七、问题

(1) 怎样把负反馈放大器改接成基本放大器? 为什么要把 R_f 并接在输入和输出端?

(2) 如果输入信号存在失真,能否用负反馈来改善?

(3) 怎样判断放大器是否存在自激振荡? 如何进行消振?

实验五 差动放大器

一、实验目的

(1) 熟悉差动放大器的工作原理。

(2) 掌握差动放大器的基本测试方法。

(3) 掌握差动放大电路的动态参数测量方法。

(4) 学会设计具有恒流源的差分放大器及电路的调试。

二、预习要求

(1) 复习差分放大器工作原理及其性能分析方法。

(2) 阅读实验原理,熟悉实验内容及步骤。

(3) 估算图 2.12 所示电路的静态工作点,设各三极管 $\beta = 30$, $r_{be} = 1\ \text{k}\Omega$ 及电压放大倍数。

(4) 在图 2.12 的基础上画出单端输入和共模输入的电路。

三、实验仪器与设备

+12 V 直流电源;函数信号发生器;双踪示波器;交流毫伏表;直流电压表;晶体三极管 3DG6×3,要求 VT_1、VT_2 管特性参数一致,电阻器、电容器若干。

四、实验原理与说明

实验电路如图 2.12 所示,这是一个带恒流源的差动放大电路。它具有静态工作点稳定、对共模信号有高抑制能力,而对差模信号有放大能力的特点。根据结构,该电路有 4 种形式:单端输入、单端输出;单端输入、双端输出;双端输入、单端输出和双端输入、双端输出。双端输出的差模放大倍数为

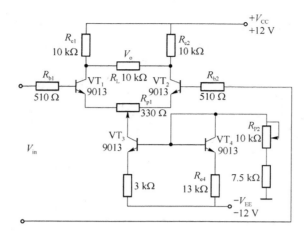

图 2.12　带恒流源的差分放大电路

$$\dot{A}_{VD} = -\frac{\beta R_c}{R_b + r_{be}}$$

而共模放大倍数 $\dot{A}_{VC} \approx 0$，共模抑制比 $K_{CMR} = \left|\dfrac{\dot{A}_{VD}}{\dot{A}_{VC}}\right| \to \infty$。单端输出时，差模放大倍数为双端输出的一半，即：

$$\dot{A}_{VD1} = -\dot{A}_{VD2} = \frac{\dot{A}_{VD}}{2} = \frac{-\beta R_c}{2(R_b + r_{be})}$$

而共模放大倍数 $\dot{A}_{VC} \approx \dfrac{-R_c}{2R'_e}$，$R'_e$ 为恒流源的等效电阻。

五、实验内容与步骤

1. 按原理路连接电路

按照实验原理图 2.12，将图 2.13 各部分连接成以下实验中不同输入输出所需的差分电路。

2. 测量静态工作点

（1）放大器的调零

将输入端短路并接地，接通直流电源 ± 12 V，调节调零电位器 R_{P1}（R_{P1} 已经连接好，做实验时不用再连线，用来控制调节电路的对称性来抑制零点漂移），R_L 负载可不接，用万用表测量 V_{c1}、V_{c2} 之间的电压 V_o，使双端输出电压 $V_o = 0$。

（2）测量静态工作点

零点调好后，用万用表测量 VT_1、VT_2、VT_3 晶体管的各极对地电压并填入表 2.18 中。

表 2.18　静态工作点测量数据记录表

对地电压	V_{c1}	V_{c2}	V_{c3}	V_{b1}	V_{b2}	V_{b3}	V_{e1}	V_{e2}	V_{e3}
测量值/V									

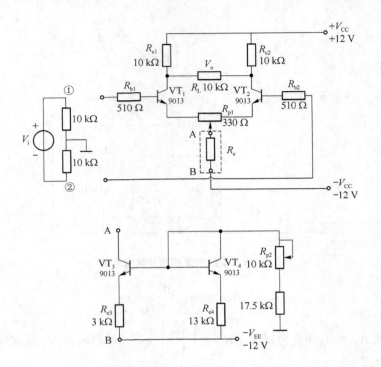

图 2.13 带恒流源差分放大电路的连接线路图

3. 测量差模直流电压放大倍数

在输入端加入直流电压信号 $V_{id} = \pm 0.1\,\text{V}$。按表 2.19 要求测量并记录，由测量数据算出单端和双端输出的电压放大倍数。注意先调好 DC 信号的 OUT_1 和 OUT_2，使其数据分别为 $+0.1\,\text{V}$ 和 $-0.1\,\text{V}$，再接入 V_{i1}、V_{i2}。

表 2.19 差模直流电压放大倍数测量数据记录表

输入信号	差模输入					
	测量值			计算值		
	V_{c1}/V	V_{c2}/V	$V_{o双}/\text{V}$	A_{VC1}	A_{VD1}	$A_双$
$V_o = +0.1\,\text{V}$						
$V_o = -0.1\,\text{V}$						

4. 测量共模直流电压放大倍数

将两个输入端短接，接到直流信号源的输入端，信号源另一端接地；DC 信号先后接 OUT_1 和 OUT_2，分别测量并填入表 2.20 中。由测量数据算出单端和双端输出的电压放大倍数；进一步算出共模抑制比 $K_{CMR} = \dfrac{A_{VD}}{A_{VC}}$ 的绝对值。

$$\text{CMRR} = \frac{A_{VD}}{A_{VC}} =$$

表 2.20　共模直流电压放大倍数测量数据记录表

输入信号	共模输入					
	测量值			计算值		
	V_{c1}/V	V_{c2}/V	$V_{o双}/V$	A_{VC2}	A_{VD2}	$A_双$
$V_o = +0.1\ V$						
$V_o = -0.1\ V$						

5. 测量交流信号差模电压放大倍数

（1）断开直流信号源,将信号发生的输出端接入三极管 VT_1、VT_2 的两个输入端,构成双端输入,调节信号发生器的频率 $f=1\ kHz$ 正弦信号,其输出幅值调至 0 V,用示波器观察输出端。

接通 12 V 的电源,增大信号发生的输出电压 V_i,用示被器观察输出波形,在输出波形不出现失真的情况下,用毫伏表测 V_i 和 VT_1、VT_2 的输出 V_{o1}、V_{o2}。记入表 2.21 中。

表 2.21　差模电压放大倍数测量数据记录表 1

输入 V_i	V_{c1}/V	V_{c2}/V	$A_{VD1}=V_{c1}/V_i$	V_o	$A_{VD}=V_o/V_i$	$A_{VD2}=V_{c2}/V_i$

（2）从 VT_1 的输入端加入正弦交流信号 $V_i=50\ mV$、$f=1\ kHz$,分别测量、记录单端及双端输出电压,填入表 2.22 中,计算双端的差模放大倍数。

表 2.22　差模电压放大倍数测量数据记录表 2

输入信号	电压值			放大倍数
	V_{c1}	V_{c2}	V_o	
正弦信号 V_i				

注意:输入交流信号时,用示波器监视 V_{o1}、V_{o2} 波形,若出现失真现象,可减小输入电压值,直到 V_{o1}、V_{o2} 都不失真为止。

六、实验报告要求

（1）根据实测数据计算图 2.12 电路的静态工作点,与预习计算结果比较。
（2）整理实验数据,计算各种接法的 A_{VD},并与理论计算相比较。
（3）计算实验步骤 3 中 A_{VC} 和 CMRR 值。
（4）总结差放电路的性能和特点。

七、问题

（1）复习差动放大器的工作原理。重点复习带恒流源的差动放大器的工作原理。
（2）估算图 2.12 所示电路的静态工作点(各级的 I_{co} 和 η)。
（3）估算图 2.12 所示电路的差模放大倍数和单端输出时的共模放大倍数。

（4）差动放大器的差模输出电压是与输入电压的差还是和成正比？

（5）加到差动放大器两管基极的输入信号幅值相等，相位相同时，输出电压等于多少？

（6）差动放大器对差模输入倍号起放大作用，还是起抑制作用？

（7）假设差动放大器的 VT_1 集电极为输出端。试指出该放大器的反相输入端和同相输入端。

实验六　集成运算放大器指标测试

一、实验目的

（1）掌握运算放大器主要指标的测试方法。

（2）通过对运算放大器 $\mu A741$ 指标的测试，了解集成运算放大器组件的主要参数的定义和表示方法。

二、预习要求

查阅 $\mu A741$ 典型指标数据及管脚功能。

三、实验仪器与设备

＋12 V 直流电源；函数信号发生器；双踪示波器；交流毫伏表；直流电压表；模拟电子线路实验箱；集成运算放大器 $\mu A741 \times 1$、电阻器、电容器若干。

四、实验原理与说明

集成运算放大器是一种线性集成电路，和其他半导体器件一样，它是用一些性能指标来衡量其质量的优劣。为了正确使用集成运放，就必须了解它的主要参数指标。集成运放组件的各项指标通常是由专用仪器进行测试的，这里介绍的是一种简易测试方法。

本实验采用的集成运放型号为 $\mu A741$（或 F007），引脚排列如图 2.4 所示，它是八脚双列直插式组件，1 脚和 3 脚为反相和同相输入端，6 脚为输出端，7 脚和 4 脚为正、负电源端，1 脚和 5 脚为失调调零端，1、5 脚之间可接入一只几十 kΩ 的电位器并将滑动触头接到负电源端，8 脚为空脚。

$\mu A741$ 主要指标测试：

（1）输入失调电压 V_{OS}

理想运放组件，当输入信号为零时，其输出也为零。但是即使是最优质的集成组件，由于运放内部差动输入级参数的不完全对称，输出电压往往不为零。这种零输入时输出不为零的现象称为集成运放的失调。

输入失调电压 V_{OS} 是指输入信号为零时，输出端出现的电压折算到同相输入端的数值。

失调电压测试电路如图 2.15 所示。闭合开关 K_1 及 K_2，使电阻 R_b 短接，测量此时的输出电压 V_{o1} 即为输出失调电压，则输入失调电压

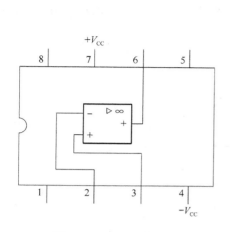

图 2.14 μA741 管脚图

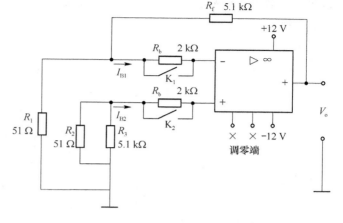

图 2.15 V_{OS}、I_{OS} 测试电路

$$V_{OS} = \frac{R_1}{R_1 + R_f} V_{O1}$$

实际测出的 V_{O1} 可能为正,也可能为负,一般在 $1 \sim 5$ mV,对于高质量的运放 V_{OS} 在 1 mV 以下。

测试中应注意:将运放调零端开路;要求电阻 R_1 和 R_2,R_3 和 R_f 的参数严格对称。

(2) 输入失调电流 I_{OS}

输入失调电流 I_{OS} 是指当输入信号为零时,运放的两个输入端的基极偏置电流之差,

$$I_{OS} = |I_{B1} - I_{B2}|$$

输入失调电流的大小反映了运放内部差动输入级两个晶体管 β 的失配度,由于 I_{B1}、I_{B2} 本身的数值已很小(微安级),因此它们的差值通常不是直接测量的,测试电路如图 2.15 所示,测试分两步进行:

① 闭合开关 K_1 及 K_2,在低输入电阻下,测出输出电压 V_{O1},如前所述,这是由输入失调电压 V_{OS} 所引起的输出电压。

② 断开 K_1 及 K_2,两个输入电阻 R_b 接入,由于 R_b 阻值较大,流经它们的输入电流的差异,将变成输入电压的差异,因此,也会影响输出电压的大小,可见测出两个电阻 R_b 接入时的输出电压 V_{O2},若从中扣除输入失调电压 V_{OS} 的影响,则输入失调电流 I_{OS} 为

$$I_{OS} = |I_{B1} - I_{B2}| = |V_{O2} - V_{O1}| \frac{R_1}{R_1 + R_f} \frac{1}{R_b}$$

一般,I_{OS} 为几十~几百 nA(10^{-9}A),高质量运放 I_{OS} 低于 1 nA。

测试中应注意:将运放调零端开路;两输入端电阻 R_b 必须精确配对。

(3) 开环差模放大倍数 A_{VD}

$$A_{VD} = \frac{V_O}{V_{iD}}$$

集成运放在没有外部反馈时的直流差模放大倍数称为开环差模电压放大倍数,用 A_{VD} 表示。它定义为开环输出电压 V_O 与两个差分输入端之间所加信号电压 V_{iD} 之比。

按定义 A_{VD} 应是信号频率为零时的直流放大倍数,但为了测试方便,通常采用低频(几十赫兹以下)正弦交流信号进行测量。由于集成运放的开环电压放大倍数很高,难以直接进行测

量,故一般采用闭环测量方法。A_{VD}的测试方法很多,现采用交、直流同时闭环的测试方法,如图 2.16 所示。

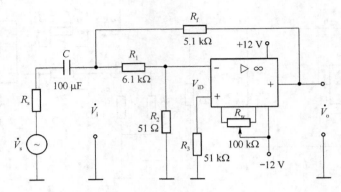

图 2.16 A_{VD} 测试电路

被测运放一方面通过 R_f、R_1、R_2 完成直流闭环,以抑制输出电压漂移,另一方面通过 R_f 和 R_s 实现交流闭环,外加信号 V_s 经 R_1、R_2 分压,使 V_{iD} 足够小,以保证运放工作在线性区,同相输入端电阻 R_3 应与反相输入端电阻 R_2 相匹配,以减小输入偏置电流的影响,电容 C 为隔直电容。被测运放的开环电压放大倍数为

$$A_{VD} = \frac{V_o}{V_{iD}} = \left(1 + \frac{R_1}{R_2}\right)\frac{V_o}{V_i}$$

通常,低增益运放 A_{VD} 为 60~70 dB,中增益运放约为 80 dB,高增益运放在 100 dB 以上,可达 120~140 dB。

测试中应注意:测试前电路应首先消振及调零;被测运放要工作在线性区;输入信号频率应较低,一般用 50~100 Hz,输出信号幅度应较小,且无明显失真。

(4) 共模抑制比 CMRR

集成运放的差模电压放大倍数 A_{VD} 与共模电压放大倍数 A_{VC} 之比称为共模抑制比

$$\mathrm{CMRR} = \left|\frac{A_{VD}}{A_{VC}}\right| \text{ 或 } \mathrm{CMRR} = 20\lg\left|\frac{A_{VD}}{A_{VC}}\right| \text{ (dB)}$$

共模抑制比在应用中是一个很重要的参数,理想运放对输入的共模信号其输出为零,但在实际的集成运放中,其输出不可能没有共模信号的成分,输出端共模信号越小,说明电路对称性越好,也就是说运放对共模干扰信号的抑制能力越强,即 CMRR 越大。CMRR 的测试电路如图 2.17 所示。

集成运放工作在闭环状态下的差模电压放大倍数为

$$A_{VD} = -\frac{R_f}{R_1}$$

当接入共模输入信号 V_{ic} 时,测得 V_{oC},则共模电压放大倍数为

$$A_{VC} = \frac{V_{oC}}{V_{iC}}$$

得共模抑制比

$$\mathrm{CMRR} = \left|\frac{A_{VD}}{A_{VC}}\right| = \frac{R_f}{R_1} \cdot \frac{V_{iC}}{V_{oC}}$$

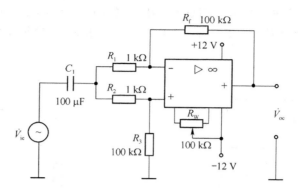

图 2.17 CMRR 测试电路

测试中应注意:消振与调零;R_1 与 R_2、R_3 与 R_f 之间阻值严格对称;输入信号 V_{ic} 幅度必须小于集成运放的最大共模输入电压范围 V_{icm}。

(5)共模输入电压范围 V_{icm}

集成运放所能承受的最大共模电压称为共模输入电压范围,超出这个范围,运放的 CMRR 会大大下降,输出波形产生失真,有些运放还会出现"自锁"现象以及永久性的损坏。

V_{icm} 的测试电路如图 2.18 所示。

被测运放接成电压跟随器形式,输出端接示波器,观察最大不失真输出波形,从而确定 V_{icm} 值。

(6)输出电压最大动态范围 V_{oP-P}

集成运放的动态范围与电源电压、外接负载及信号源频率有关。测试电路如图 2.19 所示。

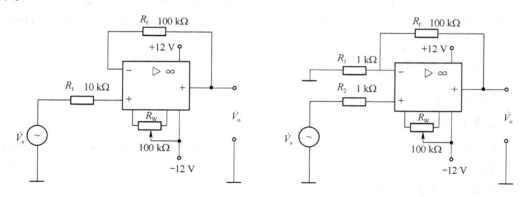

图 2.18 V_{icm} 测试电路   图 2.19 V_{oP-P} 测试电路

改变 V_s 幅度,观察 V_o 削顶失真开始时刻,从而确定 V_o 的不失真范围,这就是运放在某一定电源电压下可能输出的电压峰-峰值 V_{oP-P}。

集成运放在使用时应考虑的一些问题如下:

(1)输入信号选用交、直流量均可,但在选取信号的频率和幅度时,应考虑运放的频响特性和输出幅度的限制。

(2)调零。为提高运算精度,在运算前,应首先对直流输出电位进行调零,即保证输入为零时,输出也为零。当运放有外接调零端子时,可按组件要求接入调零电位器 R_w,调零时,将输入端接地,调零端接入电位器 R_W,用直流电压表测量输出电压 V_o。细心调节 R_W,使 V_o 为零(即失调电压为零)。如运放没有调零端子,若要调零,可按图 2.20 所示电路进行调零。

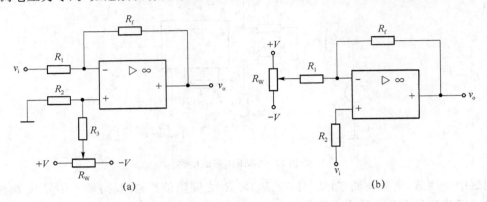

图 2.20 调零电路

一个运放如不能调零,大致有如下原因:①组件正常,接线有错误。②组件正常,但负反馈不够强(R_f/R_1 太大),为此可将 R_f 短路,观察是否能调零。③组件正常,但由于它所允许的共模输入电压太低,可能出现自锁现象,因而不能调零。为此可将电源断开后,再重新接通,如能恢复正常,则属于这种情况。④组件正常,但电路有自激现象,应进行消振。⑤组件内部损坏,应更换好的集成块。

(3)消振。一个集成运放自激时,表现为即使输入信号为零,亦会有输出,使各种运算功能无法实现,严重时还会损坏器件。在实验中,可用示波器监视输出波形。为消除运放的自激,常采用如下措施:①若运放有相位补偿端子,可利用外接 R_c 补偿电路,产品手册中有补偿电路及元件参数提供。②电路布线、元器件布局应尽量减少分布电容。③在正、负电源进线与地之间接上几十 μF 的电解电容和 $0.01 \sim 0.1 \, \mu F$ 的陶瓷电容相并联以减小电源引线的影响。

五、实验内容与步骤

实验前看清运放管脚排列及电源电压极性及数值,切忌正、负电源接反。

1. 测量输入失调电压 V_{OS}

按图 2.15 连接实验电路,闭合开关 K_1、K_2,用直流电压表测量输出端电压 V_{O1},并计算 V_{OS},记入表 2.23。

2. 测量输入失调电流 I_{OS}

实验电路如图 2.15 所示,打开开关 K_1、K_2,用直流电压表测量 V_{O2},并计算 I_{OS},记入表 2.23。

表 2.23 集成运算放大器指标测试数据记录表

V_{OS}/mV		I_{OS}/nA		A_{VD}/dB		CMRR/dB	
实测值	典型值	实测值	典型值	实测值	典型值	实测值	典型值
	$2 \sim 10$		$50 \sim 100$		$100 \sim 106$		$80 \sim 86$

3. 测量开环差模电压放大倍数 A_{VD}

按图 2.16 连接实验电路,运放输入端加频率 100 Hz,大小 30～50 mV 正弦信号,用示波器监视输出波形。用交流毫伏表测量 V_o 和 V_i,并计算 A_{VD}。将测试数据记入表 2.23。

4. 测量共模抑制比 CMRR

按图 2.17 连接实验电路,运放输入端加 $f = 100$ Hz,$V_{ic} = 1～2$ V 正弦信号,监视输出波形。测量 V_{oc} 和 V_{ic},计算 A_{VC} 及 CMRR。将数据记入表 2.23。

5. 测量共模输入电压范围 V_{icm} 及输出电压最大动态范围 V_{oP-P}

自拟实验步骤及方法。

六、实验报告要求

(1) 将所测得的数据与典型值进行比较。
(2) 对实验结果及实验中碰到的问题进行分析、讨论。

七、问题

(1) 测量输入失调参数时,为什么运放反相及同相输入端的电阻要精选,以保证严格对称。

(2) 测量输入失调参数时,为什么要将运放调零端开路,而在进行其他测试时,则要求对输出电压进行调零。

(3) 测试信号的频率选取的原则是什么?

实验七　模拟运算电路

一、实验目的

(1) 研究由集成运算放大器组成的比例、加法、减法和积分等基本运算电路的功能。
(2) 了解运算放大器在实际应用时应考虑的一些问题。

二、预习要求

复习集成运放线性应用部分内容,并根据实验电路参数计算各电路输出电压的理论值。

三、实验仪器与设备

＋12 V 直流电源;函数信号发生器;交流毫伏表;直流电压表;模拟电子线路实验箱;集成运算放大器 μA741$\times$1、电阻器、电容器若干。

四、实验原理与说明

集成运算放大器是一种具有高电压放大倍数的直接耦合多级放大电路。当外部接入不同的线性或非线性元器件组成输人和负反馈电路时,可以灵活地实现各种特定的函数关系。在线性应用方面,可组成比例、加法、减法、积分、微分、对数等模拟运算电路。

1. 理想运算放大器特性

在大多数情况下,将运放视为理想运放,就是将运放的各项技术指标理想化,满足下列条件的运算放大器称为理想运放。

- 开环电压增益:$A_{VD}=\infty$。
- 输入阻抗:$R_i=\infty$。
- 输出阻抗:$R_o=0$。
- 带宽:$f_{BW}=\infty$。
- 失调与漂移均为零。

理想运放在线性应用时的两个重要特性:

(1)输出电压 V_o 与输入电压之间满足关系式

$$V_o = A_{VD}(V_+ - V_-)$$

由于 $A_{VD}=\infty$,而 V_o 为有限值,因此,$V_+ - V_- \approx 0$,称为"虚短"。

(2)由于 $R_i=\infty$,故流进运放两个输入端的电流可视为零,即 $I_{IB}=0$,称为"虚断"。这说明运放对其前级吸取电流极小。

上述两个特性是分析理想运放应用电路的基本原则,可简化运放电路的计算。

2. 基本运算电路

(1)反相比例运算电路

电路如图 2.21 所示。对于理想运放,该电路的输出电压与输入电压之间的关系为

$$V_o = -\frac{R_f}{R_1}V_i$$

为了减小输入级偏置电流引起的运算误差,在同相输入端应接入平衡电阻 $R_2=R_1 \mathbin{/\mkern-5mu/} R_f$。

(2)反相加法电路

电路如图 2.22 所示,输出电压与输入电压之间的关系为

$$V_o = -\left(\frac{R_f}{R_1}V_{i1} + \frac{R_f}{R_2}V_{i2}\right) \qquad R_3 = R_1 \mathbin{/\mkern-5mu/} R_2 \mathbin{/\mkern-5mu/} R_f$$

(3)同相比例运算电路

图 2.23(a)是同相比例运算电路,它的输出电压与输入电压之间的关系为

$$V_o = \left(1 + \frac{R_f}{R_1}\right)V_i \qquad R_2 = R_1 \mathbin{/\mkern-5mu/} R_f$$

当 $R_1 \to \infty$ 时,$V_o = V_i$,即得到如图 2.23(b)所示的电压跟随器。图中 $R_2 = R_f$,用以减小漂移和起保护作用。一般 R_f 取 10 kΩ,R_f 太小起不到保护作用,太大则影响跟随性。

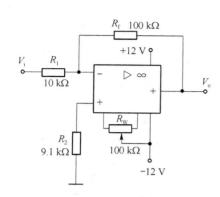

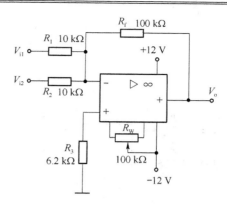

图 2.21　反相比例运算电路　　　　　　图 2.22　反相加法运算电路

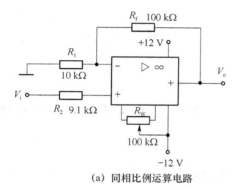

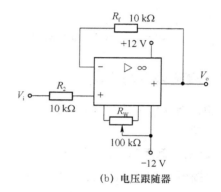

（a）同相比例运算电路　　　　　　（b）电压跟随器

图 2.23　同相比例运算电路

（4）差动放大电路（减法器）

对于图 2.24 所示的减法运算电路，当 $R_1=R_2$，$R_3=R_f$ 时，有如下关系式

$$V_o = \frac{R_f}{R_1}(V_{i2} - V_{i1})$$

（5）积分运算电路

反相积分电路如图 2.25 所示。在理想化条件下，输出电压 V_o 等于

$$V_o(t) = -\frac{1}{R_1 C}\int_0^t V_i \mathrm{d}t + V_C(0)$$

其中，$V_C(0)$ 是 $t=0$ 时刻电容 C 两端的电压值，即初始值。

如果 $V_i(t)$ 是幅值为 E 的阶跃电压，并设 $V_C(0)=0$，则

$$v_o(t) = -\frac{1}{R_1 C}\int_0^t E\mathrm{d}t = -\frac{E}{R_1 C}t$$

即输出电压 $V_o(t)$ 随时间增长而线性下降。显然 RC 的数值越大，达到给定的 V_o 值所需的时间就越长。积分输出电压所能达到的最大值受集成运放最大输出范围的限值。

在进行积分运算之前，首先应对运放调零。为了便于调节，将图中 K_1 闭合，即通过电阻 R_2 的负反馈作用帮助实现调零。但在完成调零后，应将 K_1 打开，以免因 R_2 的接入造成积分误差。K_2 的设置一方面为积分电容放电提供通路，同时可实现积分电容初始电压 $V_C(0)=0$，另一方面，可控制积分起始点，即在加入信号 V_i 后，只要 K_2 一打开，电容就将被恒流充电，电路也就开始进行积分运算。

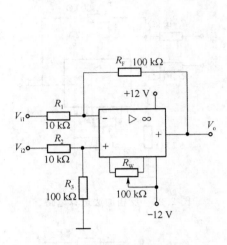

图 2.24 减法运算电路图

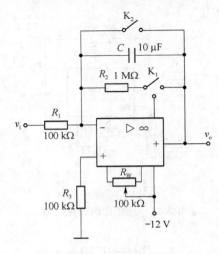

图 2.25 积分运算电路

五、实验内容与步骤

实验前要看清运放组件各管脚的位置;切忌正、负电源极性接反和输出端短路,否则将会损坏集成块。

1. 反相比例运算电路

(1) 按图 2.21 连接实验电路,接通 ± 12 V 电源,输入端对地短路,进行调零和消振。

(2) 输入 $f=100$ Hz,$V_i=0.5$ V 的正弦交流信号,测量相应的 V_o,并用示波器观察 V_o 和 V_i 的相位关系,记入表 2.24。

表 2.24 反相比例运算电路数据测量表

V_i/V	V_o/V	V_i 波形	V_o 波形	A_V	
				实测值	计算值

注:$V_i=0.5$ V,$f=100$ Hz。

2. 同相比例运算电路

(1) 按图 2.23(a)连接实验电路。实验步骤同内容 1,将结果记入表 2.25。

(2) 将图 2.23(a)中的 R_1 断开,得图 2.23(b)电路,重复内容 1。

表 2.25 同相比例运算电路数据记录表

V_i/V	V_o/V	V_i 波形	V_o 波形	A_V	
				实测值	计算值

注:$V_i=0.5$ V,$f=100$ Hz。

3．反相加法运算电路

（1）按图 2.22 连接实验电路，调零和消振。

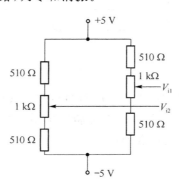

图 2.26　简易可调直流信号源

（2）输入信号采用直流信号，图 2.26 所示电路为简易直流信号源，由实验者自行完成。实验时要注意选择合适的直流信号幅度以确保集成运放工作在线性区。用直流电压表测量输入电压 V_{i1}、V_{i2} 及输出电压 V_o，记入表 2.26。

表 2.26　反相加法运算电路数据记录表

V_{i1}/V					
V_{i2}/V					
V_o/V					

4．减法运算电路

（1）按图 2.24 连接实验电路，调零和消振。

（2）采用直流输入信号，实验步骤同内容 3，记入表 2.27。

表 2.27　减法运算电路数据记录表

V_{i1}/V					
V_{i2}/V					
V_o/V					

5．积分运算电路

实验电路如图 2.25 所示。

（1）打开 K_2，闭合 K_1，对运放输出进行调零。

（2）调零完成后，再打开 K_1，闭合 K_2，使 $V_C(0)=0$。

（3）预先调好直流输入电压 $V_i=0.5$ V，接入实验电路，再打开 K_2，然后用直流电压表测量输出电压 V_o，每隔 5 秒读一次 V_o，记入表 2.28，直到 V_o 不继续明显增大为止。

表 2.28　积分运算电路数据记录表

t/s	0	5	10	15	20	25	30	...
V_o/V								

六、实验报告要求

(1) 整理实验数据,画出波形图(注意波形间的相位关系)。

(2) 将理论计算结果和实测数据相比较,分析产生误差的原因。

(3) 分析讨论实验中出现的现象和问题。

七、问题

(1) 在反相加法器中,如 V_{i1} 和 V_{i2} 均采用直流信号,并选定 $V_{i2}=-1\ \text{V}$,当考虑到运算放大器的最大输出幅度($\pm 12\ \text{V}$)时,$|V_{i1}|$ 的大小不应超过多少伏?

(2) 在积分电路中,如 $R_1=100\ \text{k}\Omega$,$C=4.7\ \mu\text{F}$,求时间常数。

(3) 假设 $V_i=0.5\ \text{V}$,问要使输出电压 V_o 达到 $5\ \text{V}$,需多长时间?〔设 $V_C(0)=0$〕

实验八　有源滤波器

一、实验目的

(1) 熟悉运算放大器和电阻电容构成的有源滤波器。

(2) 理解二阶低通滤波器和二阶高通滤波器的原理,会相关的参数计算。

(3) 了解带通滤波器和带阻滤波器的实现方法,并会根据已有的二阶低通滤波器设计带通带阻滤波器。

(4) 掌握有源滤波器的调试。

二、预习要求

(1) 复习有源滤波、高通和带通滤波器的工作原理。

(2) 已经上限截止频率 $f_H=480\ \text{Hz}$,电容 $C=0.01\ \mu\text{F}$,试计算图 2.27 所示电路形式的巴特沃斯二阶低通滤波器的电阻参数。运放采用 $\mu\text{A}741$。

(3) 要实现带通滤波器,图 2.27 和图 2.28 的电阻 R_1、R_2 和电容 C_1、C_2 要怎样设置?求出根据截止频率设置的电容和电阻值。

三、实验仪器与设备

$+12\ \text{V}$ 直流电源;函数信号发生器;双踪示波器;交流毫伏表;直流电压表;频率计;模拟电子线路实验箱;$\mu\text{A}741\times1$、电阻器、电容器若干。

四、实验原理与说明

在实际的电子系统中,输入信号往往包含有一些不需要的信号成分,必须设法将它衰减到足够小的程度,或者把有用信号挑选出来。为此,可采用滤波器。滤波器是一种选频电路,它是一种能使有用频率信号通过,而同时抑制(或大为衰减)无用频率信号的电子装置。这里研究的是由运放和 R、C 等组成的有源模拟滤波器。由于集成运放的带宽有限,目前有源滤波器的最高工作频率只能达到 1 MHz 左右。

考虑到高于二阶的滤波器都可以由一阶和二阶有源滤波器构成。下面重点研究二阶有源滤波器。

1. 二阶有源低通滤波器

二阶有源低通滤波器电路如图 2.27 所示。可以证明其幅频响应表达式为

$$\left| \frac{A(\mathrm{j}\omega)}{A_{VF}} \right| = \frac{1}{\sqrt{\left[1 - \left(\dfrac{\omega}{\omega_n} \right)^2 \right]^2 + \dfrac{\omega^2}{\omega_n^2 Q^2}}}$$

其中,

$$\left. \begin{aligned} A_{VF} &= 1 + \frac{R_F}{R_1} \\ \omega_n &= \frac{1}{RC} \\ Q &= \frac{1}{3 - A_{VF}} \end{aligned} \right\}$$

上式中的特征角频率 $\omega_n = \dfrac{1}{RC}$ 就是 3 dB 截止频率。因此,上限截止频率

$$f_{\mathrm{H}} = \frac{1}{2\pi RC}$$

当 $Q = 0.707$ 时,这种滤波器成为巴特沃斯滤波器。

2. 二阶有源高通滤波器

如果将图 2.27 中的 R 和 C 位置互换,则可得二阶高通滤波器电路,如图 2.28 所示。

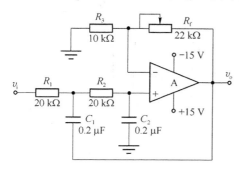

图 2.27　二阶有源低通滤波器

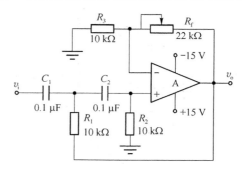

图 2.28　二阶有源高通滤波器

令 $\omega_n = 1/RC$,$Q = 1/(3 - A_{VF})$ 和 $A_{VF} = 1 + \dfrac{R_F}{R_1}$,可得其幅频响应表达式为

$$\left| \frac{A(j\omega)}{A_{VF}} \right| = \frac{1}{\sqrt{\left[\left(\frac{\omega_n}{\omega} \right)^2 - 1 \right]^2 + \left(\frac{\omega_n}{\omega Q} \right)^2}}$$

其下限截止频率

$$f_L = \frac{1}{2\pi RC}$$

五、实验内容与步骤

（1）按图 2.27 所示连接好电路，测试二阶低通滤波器的幅频响应。测试结果记录到表 2.29 中。

表 2.29　二阶低通滤波器的幅频响应测试表 1

信号频率 f/Hz	50	100	200	300	400	480	550	600	700	1 k	5 k
V_o/V											
$20\lg|V_o/V_i|$/dB											

注：$V_i = 0.1$ V（有效值）的正弦信号。

（2）按图 2.28 所示连接好电路，测试二阶低通滤波器的幅频响应。测试结果记录到表 2.30 中。

表 2.30　二阶低通滤波器的幅频响应测试表 2

信号频率 f/Hz	50	100	200	300	400	480	550	600	700	1 k	5 k
V_o/V											
$20\lg|V_o/V_i|$/dB											

注：$V_i = 0.1$ V（有效值）的正弦信号。

（3）不改变电容 C_1、C_2 和电阻 R_1、R_2 的值，将图 2.27 的输出与图 2.28 的输入相连，如图 2.29 所示，测试它们的幅频响应，测试结果记入表 2.31 中。

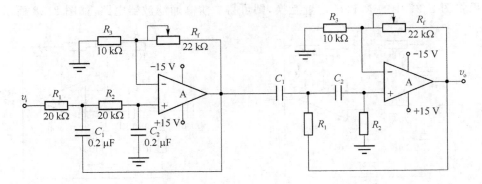

图 2.29　有源带通滤波器的设计

观察此连接是否达到了带通，如果没有，请改变 C_1、C_2 或者电阻 R_1、R_2 的值。

表 2.31　二阶低通滤波器的幅频响应测试表 3

信号频率 f/Hz	50	100	200	300	400	480	550	600	700	1 k	5 k
V_o/V											
$20\lg|V_o/V_i|$/dB											

注：$V_i = 0.1$ V（有效值）的正弦信号。

六、实验报告要求

（1）根据实验结果，以频率的对数为横坐标，电压增益的分贝数为纵坐标，在同一坐标上分别绘出两种滤波器的幅频特性。说明二者的对偶关系。

（2）简要说明测试结果与理论值存在差异的主要原因。

（3）同样以频率的对数为横坐标，电压增益为纵坐标，画出实验内容 3 中所选择的电容电阻值下的滤波器的幅频特性。说明其中上限截止频率和下限截止频率与图 2.27 和图 2.28 两个图的对应关系。

七、问题

（1）当用 μA741 组成高通滤波器时（μA741 的开环差模电压增益设为 106 dB，开环带宽为 7 Hz），其闭环电压增益 $A_{VF} = 2$ 大约能维持什么频率？

（2）若将图 2.27 所示二阶低通滤波器的 R、C 位置互换，组成如图 2.28 所示的二阶高通滤波器，且 R、C 值不变，试问高通滤波器的截止频率 f_L 等于低通截止频率 f_H 吗？

（3）将本实验的两个图所示电路串联起来，即将图 2.27 的输出与图 2.28 的输入端相连（如图 2.29 所示），测试它们串接起来的幅频响应，能实现带通吗？如果可以，请说明原因，如果不能，请提出改进方案。

实验九　电压比较器

一、实验目的

（1）掌握电压比较器的电路构成及特点。

（2）学会测试比较器的方法。

二、预习要求

（1）复习教材有关比较器的内容。

（2）画出各类比较器的传输特性曲线。

三、实验仪器与设备

＋12 V 直流电源；函数信号发生器；双踪示波器；交流毫伏表；直流电压表；运算放大器

μA741×2;稳压管 2CW231×1;二极管 4148×2;模拟电子线路实验箱。

四、实验原理与说明

电压比较器是集成运放非线性应用电路,它将一个模拟量电压信号和一个参考电压相比较,在二者幅度相等的附近,输出电压将产生跃变,相应输出高电平或低电平。比较器可以组成非正弦波形变换电路及应用于模拟与数字信号转换等领域。

图 2.30 所示为一最简单的电压比较器,V_R 为参考电压,加在运放的同相输入端,输入电压 V_i 加在反相输入端。

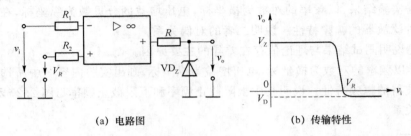

(a) 电路图   (b) 传输特性

图 2.30 电压比较器

当 $V_i < V_R$ 时,运放输出高电平,稳压管 VD_Z 反向稳压工作。输出端电位被其箝位在稳压管的稳定电压 V_Z,即 $V_o = V_Z$。

当 $V_i > V_R$ 时,运放输出低电平,VD_Z 正向导通,输出电压等于稳压管的正向压降 V_Z,即 $V_o = -V_Z$。

因此,以 V_R 为界,当输入电压 V_i 变化时,输出端反映出两种状态:高电位和低电位。

常用的电压比较器有过零比较器、具有滞回特性的过零比较器、双限比较器(又称窗口比较器)等。

1. 过零比较器

如图 2.31 所示电路为加限幅电路的过零比较器,VD_Z 为限幅稳压管。信号从运放的反相输入端输入,参考电压为零,从同相端输入。当 $V_i > 0$ 时,输出 $V_o = -(V_Z + V_D)$;当 $V_i < 0$ 时,$V_o = +(V_Z + V_D)$。其电压传输特性如图 2.31(b)所示。

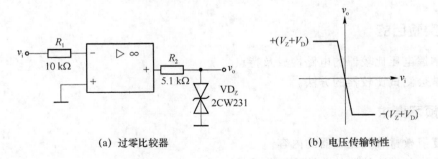

(a) 过零比较器   (b) 电压传输特性

图 2.31 过零比较器

过零比较器结构简单,灵敏度高,但抗干扰能力差。

2. 滞回比较器

图 2.32 为具有滞回特性的过零比较器,过零比较器在实际工作时,如果 V_i 恰好在过零值附近,则由于零点漂移的存在,V_o 将不断由一个极限值转换到另一个极限值,这在控制系统中,对执行机构将是很不利的。为此,就需要输出特性具有滞回现象。如图 2.32 所示,从输出端引一个电阻分压正反馈支路到同相输入端,若 V_o 改变状态,Σ 点也随着改变电位,使过零点离开原来位置。当 V_o 为正(记作 V_+),$V_\Sigma = \dfrac{R_2}{R_f + R_2} V_+$,则当 $V_i > V_\Sigma$ 后,V_o 即由正变负(记作 V_-),此时 V_Σ 变为 $-V_\Sigma$。故只有当 V_i 下降到 $-V_\Sigma$ 以下,才能使 V_o 再回升到 V_+,于是出现图 2.32(b)中所示的滞回特性。

$-V_\Sigma$ 与 V_Σ 的差别称为回差。改变 R_2 的数值可以改变回差的大小。

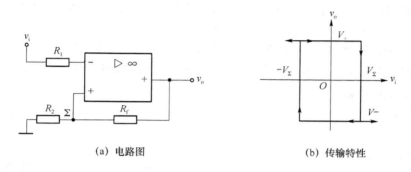

　　　　(a) 电路图　　　　　　　　　　　　(b) 传输特性

图 2.32　滞回比较器

3. 窗口(双限)比较器

简单的比较器仅能鉴别输入电压 V_i 比参考电压 V_R 高或低的情况,窗口比较电路是由两个简单比较器组成,如图 2.33 所示,它能指示出 V_i 值是否处于 V_R^+ 和 V_R^- 之间。如 $V_R^- < V_i < V_R^+$,窗口比较器的输出电压 V_o 等于运放的正饱和输出电压($+V_{omax}$),如果 $V_i < V_R^-$ 或 $V_i > V_R^+$,则输出电压 V_o 等于运放的负饱和输出电压($-V_{omax}$)。

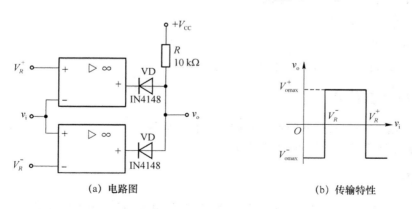

　　　　(a) 电路图　　　　　　　　　　　　(b) 传输特性

图 2.33　由两个简单比较器组成的窗口比较器

五、实验内容与步骤

1. 过零比较器

实验电路如图 2.31 所示。

(1) 接通 ± 12 V 电源。

(2) 测量 V_i 悬空时的 V_o 值。

(3) V_i 输入 500 Hz、幅值为 2 V 的正弦信号,观察 $V_i \rightarrow V_o$ 波形并记录。

(4) 改变 V_i 幅值,测量传输特性曲线。

2. 反相滞回比较器

实验电路如图 2.34 所示。

(1) 按图接线,V_i 接 $+5$ V 可调直流电源,测出 V_o 由 $+V_{omax} \rightarrow -V_{omax}$ 时 V_i 的临界值。

(2) 同上,测出 V_o 由 $-V_{omax} \rightarrow +V_{omax}$ 时 V_i 的临界值。

(3) V_i 接 500 Hz,峰值为 2 V 的正弦信号,观察并记录 $V_i \rightarrow V_o$ 波形。

(4) 将分压支路 100 kΩ 电阻改为 200 kΩ,重复上述实验,测定传输特性。

3. 同相滞回比较器

实验线路如图 2.35 所示。

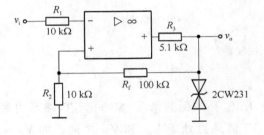

图 2.34 反相滞回比较器

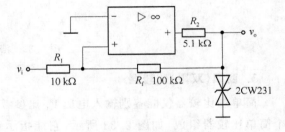

图 2.35 同相滞回比较器

(1) 参照 2,自拟实验步骤及方法。

(2) 将结果与 2 进行比较。

4. 窗口比较器

参照图 2.33 自拟实验步骤和方法测定其传输特性。

六、实验报告要求

(1) 整理实验数据,绘制各类比较器的传输特性曲线。

(2) 总结几种比较器的特点,阐明它们的应用。

七、问题

若要将图 2.33 窗口比较器的电压传输曲线高、低电平对调,应如何改动比较器电路?

实验十　波形发生器

一、实验目的

（1）掌握波形发生器的基本设计方法。
（2）掌握波形发生器的调试和测量。
（3）熟悉波形变换方法，了解误差原因。

二、预习要求

复习有关 RC 正弦波振荡器、三角波及方波发生器的工作原理，并估算图 2.36～2.38 电路的振荡频率。

三、实验仪器与设备

＋12 V 直流电源；双踪示波器；交流毫伏表；频率计；二极管 IN4148×2；集成运算放大器 μA741×2；稳压管 2CW231×1、电阻器、电容器若干；模拟电子线路实验箱。

四、实验原理与说明

由集成运放构成的正弦波、方波和三角波发生器有多种形式，本实验选用最常用的、线路比较简单的几种电路加以分析。

1. RC 桥式正弦波振荡器（文氏电桥振荡器）

图 2.36 为 RC 桥式正弦波振荡器，其中 RC 串、并联电路构成正反馈支路，同时兼作选频网络，R_1、R_2、R_w 及二极管等元件构成负反馈和稳幅环节。调节电位器 R_w，可以改变负反馈深度，以满足振荡的振幅条件和改善波形。利用两个反向并联二极管 VD_1、VD_2 正向电阻的非线性特性来实现稳幅。VD_1、VD_2 采用硅管（温度稳定性好），且要求特性匹配，才能保证输出波形正、负半周对称。R_3 的接入是为了削弱二极管非线性的影响，以改善波形失真。

电路的振荡频率：

$$f_\circ = \frac{1}{2\pi RC}$$

起振的幅值条件：

$$\frac{R_F}{R_1} \geqslant 2$$

其中，$R_F = R_w + R_2 + (R_3 /\!/ r_D)$，$r_D$ 是二极管正向导通电阻。

调整反馈电阻 R_F（调 R_w），使电路起振，且波形失真最小。如不能起振，则说明负反馈太强，应适当加大 R_F。如波形失真严重，则应适当减小 R_F。

改变选频网络的参数 C 或 R，即可调节振荡频率。一般采用改变电容 C 作频率量程切换，而调节 R 作量程内的频率细调。

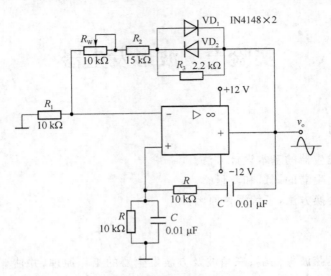

图 2.36 RC 桥式正弦波振荡器

2. 方波发生器

由集成运放构成的方波发生器和三角波发生器,一般均包括比较器和 RC 积分器两大部分。图 2.37 所示为由滞回比较器及简单 RC 积分电路组成的方波-三角波发生器。它的特点是线路简单,但三角波的线性度较差。它主要用于产生方波,或对三角波要求不高的场合。

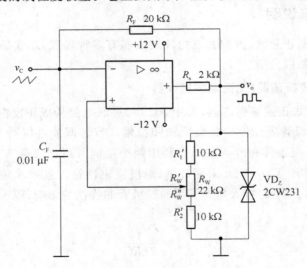

图 2.37 方波发生器

电路振荡频率:

$$f_o = 1/\, 2R_F C_F \mathrm{Ln}\left(1 + \frac{2R_2}{R_1}\right)$$

其中,$R_1 = R_1' + R_w'$,$R_2 = R_2' + R_w''$。

方波输出幅值 $V_{om} = \pm V_Z$,三角波输出幅值 $V_{om} = \dfrac{R_2}{R_1 + R_2} V_Z$。

调节电位器 R_W（即改变 R_2/R_1），可以改变振荡频率，但三角波的幅值也随之变化。如要互不影响，则可通过改变 R_F（或 C_F）来实现振荡频率的调节。

3. 三角波和方波发生器

如把滞回比较器和积分器首尾相接形成正反馈闭环系统，如图 2.38 所示，则比较器 A_1 输出的方波经积分器 A_2 积分可得到三角波，三角波又触发比较器自动翻转形成方波，这样即可构成三角波、方波发生器。图 2.39 为方波、三角波发生器输出波形图。由于采用运放组成的积分电路，因此可实现恒流充电，使三角波线性大大改善。

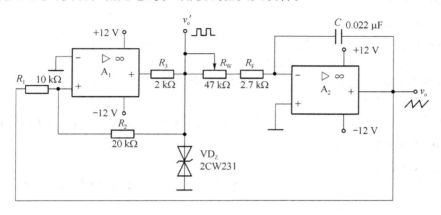

图 2.38 三角波、方波发生器

电路振荡频率 $f_o = \dfrac{R_2}{4R_1 (R_F + R_W) C_F}$，方波幅值 $V'_{om} = \pm V_Z$，三角波幅值 $V_{om} = \dfrac{R_1}{R_2} V_Z$。

调节 R_W 可以改变振荡频率，改变比值 $\dfrac{R_1}{R_2}$ 可调节三角波的幅值。

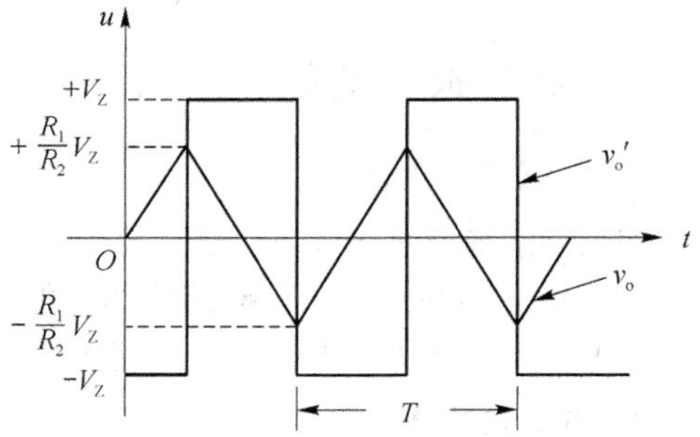

五、实验内容与步骤

1. RC 桥式正弦波振荡器

图 2.39 方波、三角波发生器输出波形图

按图 2.36 连接实验电路。

（1）接通 ±12 V 电源，调节电位器 R_W，使输出波形从无到有，从正弦波到出现失真。描绘 V_o 的波形，记下临界起振、正弦波输出及失真情况下的 R_W 值，分析负反馈强弱对起振条件及输出波形的影响。

（2）调节电位器 R_W，使输出电压 V_o 幅值最大且不失真，用交流毫伏表分别测量输出电压 V_o、反馈电压 V_+ 和 V_-，分析研究振荡的幅值条件。

（3）用示波器或频率计测量振荡频率 f_o，然后在选频网络的两个电阻 R 上并联同一阻值电阻，观察记录振荡频率的变化情况，并与理论值进行比较。

（4）断开二极管 VD_1、VD_2，重复（2）的内容，将测试结果与（2）进行比较，分析 VD_1、VD_2 的稳幅作用。

*（5）RC 串并联网络幅频特性观察

将 RC 串并联网络与运放断开，由函数信号发生器注入 3 V 左右正弦信号，并用双踪示波器同时观察 RC 串并联网络输入、输出波形。保持输入幅值（3 V）不变，从低到高改变频率，当信号源达某一频率时，RC 串并联网络输出将达最大值（约 1 V），且输入、输出同相位。此时的信号源频率

$$f = f_。 = \frac{1}{2\pi RC}$$

2．方波发生器

按图 2.37 连接实验电路。

（1）将电位器 R_W 调至中心位置，用双踪示波器观察并描绘方波 $V_。$ 及三角波 V_C 的波形（注意对应关系），测量其幅值及频率，记录之。

（2）改变 R_W 动点的位置，观察 $V_。$、V_C 幅值及频率变化情况。把动点调至最上端和最下端，测出频率范围，记录之。

（3）将 R_W 恢复至中心位置，将一只稳压管短接，观察 $V_。$ 波形，分析 VD_Z 的限幅作用。

3．三角波和方波发生器

按图 2.38 连接实验电路。

（1）将电位器 R_W 调至合适位置，用双踪示波器观察并描绘三角波输出 $V_。$ 及方波输出 $V_。'$，测其幅值、频率及 R_W 值，记录之。

（2）改变 R_W 的位置，观察对 $V_。$、$V_。'$ 幅值及频率的影响。

（3）改变 R_1（或 R_2），观察对 $V_。$、$V_。'$ 幅值及频率的影响。

六、实验报告要求

1．正弦波发生器

（1）列表整理实验数据，画出波形，把实测频率与理论值进行比较。

（2）根据实验分析 RC 振荡器的振幅条件。

（3）讨论二极管 VD_1、VD_2 的稳幅作用。

2．方波发生器

（1）列表整理实验数据，在同一座标纸上，按比例画出方波和三角波的波形图（标出时间和电压幅值）。

（2）分析 R_W 变化时，对 $V_。$ 波形的幅值及频率的影响。

（3）讨论 VD_Z 的限幅作用。

3．三角波和方波发生器

（1）整理实验数据，把实测频率与理论值进行比较。

（2）在同一坐标纸上，按比例画出三角波及方波的波形，并标明时间和电压幅值。

（3）分析电路参数变化（R_1、R_2 和 R_W）对输出波形频率及幅值的影响。

七、问题

（1）为什么在 RC 正弦波振荡电路中要引入负反馈支路？为什么要增加二极管 VD_1 和 VD_2？它们是怎样稳幅的？

（2）电路参数变化对图 2.37、图 2.38 产生的方波和三角波频率及电压幅值有什么影响？（或者,怎样改变图 2.37、图 2.38 电路中方波及三角波的频率及幅值？）

（3）在波形发生器各电路中,"相位补偿"和"调零"是否需要？为什么？

（4）怎样测量非正弦波电压的幅值？

实验十一　共射-共集放大电路

一、实验目的

（1）进一步熟悉放大电路技术指标的测试方法。

（2）了解多级放大电路的级间影响。

（3）进一步学习和巩固通频带的测试方法和用示波器测量电压波形的幅值与相位。

二、预习要求

（1）熟悉阻容耦合两级放大器的工作原理及级间影响。

（2）根据实验所给定的电路参数,估算 R_{b11} 的阻值以及各级放大电路的静态工作点。设 $\beta_1 = \beta_2 = 50$。

（3）当输入信号为 $f = 1\,\mathrm{kHz}$ 正弦波时,估算第一级电压放大倍数 $\dot{A}_{v1}$ 和总的电压放大倍数 $\dot{A}_v$,计算该放大器的输入电阻 R_i 和输出电阻 R_o。（设 $=100\,\mathrm{k\Omega}$）。

（4）了解共集放大电路的特点。

三、实验仪器与设备

+12 V 直流电源；函数信号发生器；双踪示波器；交流毫伏表；直流电压表；共射-共集放大电路模块；模拟电子线路实验箱。

四、实验原理与说明

1. 参考电路

参考电路如图 2.40 所示。该电路为共射-共集组态的阻容耦合两级放大电路。第一级是共射放大电路,实验一中已经掌握。第二级是共集放大电路,其静态工作点可通过电位器 R_P 来调整,两级均采用 NPN 型硅三极管 3DG6。

由于级间耦合方式是阻容耦合,电容对直流有隔离作用,所以两级的静态工作点是彼此独立,互不影响。实验时可一级一级地分别调整各级的最佳工作点。对于交流信号,各级之间有着密切的联系：前级的输出电压是后级的输入信号,而后级的输入阻抗是前级的负载。第一级采用了共射电路,具有较高的电压放大倍数,但输出电阻较大。第二级采用共集电路,虽然电压放大倍数小（近似等于 1）,但输入电阻大〔$R_{i2} \approx (R_{b2} + R_P) \, / \!/ \, \beta_2 R_L'$〕,向第一级索取功率小,对第一级影响小；同时其输出电阻小,可弥补单级共射电路输出电路大的缺点,使整个放大电路的带负载大大增强。

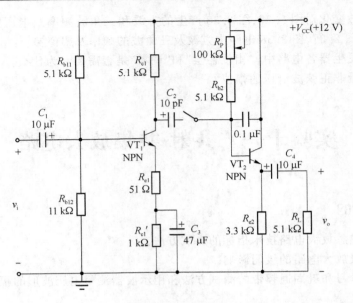

图 2.40 共射-共集放大电路

2. 静态工作点的设置与调整

由于第一级共射电路需具备较高的电压放大倍数,静态工作点可适当设置得高一些。在图 2.40 所示电路参数中,上偏置电阻 R_{b11} 为待定电阻,若取 I_{CQ} 为 $1 \sim 1.3$ mA,试计算,选择 R_{b11} 的阻值范围。第二级共集电路,可通过调节电位器 R_P 改变静态工作点,使其能达到输出电压波形最大不失真。分别设置好两级的静态工作点后,即可按实验一的测试方法分别测出两级的静态工作点。

3. 电压放大倍数的测量

电压放大倍数 A_V 是指总的输出电压与输入电压的有效值之比,即:

$$A_V = \frac{V_o}{V_i}$$

为了了解多级放大电路级与级之间的影响,还需分别测量出第一级的电压放大倍数 A_{V1},第二级的电压放大倍数 A_{V2},则总的电压放大倍数

$$A_V = A_{V1} \times A_{V2}$$

对图 2.40 所示电路参数,电压放大倍数

$$\dot{A}_{V1} = \frac{-\beta_1 (R_{c1} /\!/ R_{i2})}{r_{be1} + (1 + \beta_1) R_{e1}}$$

$$R_{i2} \approx (R_{b2} + R_P) /\!/ \beta_2 R_L'$$

$$\dot{A}_{V2} \approx 1$$

$$A_{V2} = \dot{A}_{V1} \cdot \dot{A}_{V2}$$

4. 输入输出电阻的测量

该放大电路的输入电阻即第一级共射电路的输入电阻;输出电阻即第二级共集电路的输出电阻。

$$R_i = R_{i1} = R_{b11} \ // \ R_{b12} \ // \ [r_{be1} + (1 + \beta_1)R_{e1}]$$

$$R'_L = R_{o2} = \frac{r_{be2} + [R_{c1} \ // \ (R_{b2} + R_p)]}{1 + \beta_2}$$

$$R_L = \infty$$

$$\dot{A}_{V2} \approx 1v_o A_{V2}$$

R_i 和 R_o 的测量方法同实验二。

5. 幅频特性的测量

多级放大电路的通频带要比任何一级放大电路的通频带窄,级数越多,通频带越窄。通频带的测量方法同实验一之逐点测量法。

五、实验内容与步骤

(1) 在实验箱上组装共射-共集两级放大电路,接入+12 V 直流电源。

(2) 合上开关 S,调试出 $f=1$ kHz、$V_i=20$ mV 的正弦信号至放大器的输入端,用示波器观察输出电压 V_o 的波形。调节电位器 R_P,使 V_o 达到最大不失真。关闭信号源,用万用表分别测量第一级与第二级的静态工作点,将数据填入表 2.32 中。

表 2.32　静态工作测量数据记录表

T ＼ Q	I_{CQ}/mA	V_{CEQ}/V	V_{BE}/V
第一级			
第二级			

(3) 打开信号源,调试出 $f=1$ kHz,$V_i=30$ mV 的正弦波信号,测试多级放大器总的电压放大倍数 A_V 和分级电压放大倍数 A_{V1}、A_{V2},将数据填入表 2.33 中。

表 2.33　多级放大电路测试数据记录表

V_i ＼ R_L ＼ V_o	V_{o1}			V_{o2}/V_o		$R_{L1}=R_{L2},R_L=1.5$ kΩ			R_o
	断开 S		合上 S	$R_L=\infty$	$R=5.1$ kΩ	$R_{L1}=R_{L2}$ $A_{V1}=\dfrac{V_{o1}}{V_i}$	$A_{V2}=\dfrac{V_{o2}}{V_{o1}}$	$A_V=\dfrac{V_{o2}}{V_i}$	
	$R_{L1}=\infty$	$R_{L1}=5.1$ kΩ	$R_{L1}=R_{L2}$						
30 mV									

(4) 定性测绘 V_i,V_o,V_{o2} 的波形。选用 V_{o2} 作外触发电压,送至示波器的外触发接线端。将双踪示波器的一个通道 CH1 接输入电压 V_i,而另一个通道 CH2 则分别接 V_{o1} 和 V_{o2},用示波器分别观察它们的波形,定性将它们画在图 2.41 中,比较它们的相位关系。

(5) 测试两级放大电路的通频带。两级放大电路的通频带比任何一级单级放大电路的通频带要窄。测试通频带的方法同实验一。

（6）测试多级放大电路的输出电阻 R_o。测试方法同实验一。

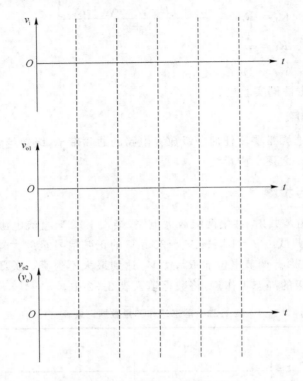

图 2.41　绘制各级电压波形

六、实验报告要求

（1）认真记录实验数据和波形。

（2）利用所学模拟电子技术的理论知识，对测试结果进行误差分析，找出产生误差的原因，提出减少实验误差的措施。

（3）测量出 A_{V1}、A_{V2} 以及 A_V 的数值，与理论计算值相比较，分析误差原因。

七、问题

（1）测量放大器输出电阻时，利用公式 $R_o = \dfrac{V_o - V_{oL}}{V_{oL}} R_L$ 来计算 R_o。如果负载电阻 R_L 改变，输出电阻 R_o 会变化吗？应如何选择 R_L 的阻值，使测量误差较小？

（2）在图 2.40 所示电路中，第二级的电压放大倍数 $\dot{A}_{V2} \approx 1$，为什么将 $R_L = 5.1\ \mathrm{k\Omega}$ 接到第二级输出端得到的输出电压比将 R_L 直接接到第一级输出端得到的输出电压要大些？

实验十二 RC 正弦波器

一、实验目的

(1) 进一步学习 RC 正弦波振荡器的组成及其振荡条件。
(2) 学会测量、调试振荡器。

二、预习要求

(1) 复习教材有关三种类型 RC 振荡器的结构与工作原理。
(2) 计算三种实验电路的振荡频率。
(3) 如何用示波器来测量振荡电路的振荡频率。

三、实验仪器与设备

＋12 V 直流电源；函数信号发生器；双踪示波器；频率计；直流电压表；3DG12×2（或 9013×2）；电阻、电容、电位器等；模拟电子线路实验箱。

四、实验原理与说明

从结构上看，正弦波振荡器是没有输入信号的，带选频网络的正反馈放大器。若用 R、C 元件组成选频网络，就称为 RC 振荡器，一般用来产生 1 Hz～1 MHz 的低频信号。

1. RC 移相振荡器

电路型式如图 2.42 所示，选择 $R \gg R_i$。

振荡频率：$f_o = \dfrac{1}{2\pi\sqrt{6}RC}$。

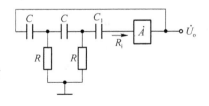

起振条件：放大器 A 的电压放大倍数 $|\dot{A}| > 29$。

电路特点：简便，但选频作用差，振幅不稳，频率调节不便，一般用于频率固定且稳定性要求不高的场合。

频率范围：几赫兹～数十千赫兹。

图 2.42 RC 移相振荡器原理图

2. RC 串并联网络（文氏桥）振荡器

电路型式如图 2.43 所示。

振荡频率：$f_o = \dfrac{1}{2\pi RC}$。

起振条件：$|\dot{A}| > 3$。

电路特点：可方便地连续改变振荡频率，便于加负反馈稳幅，容易得到良好的振荡波形。

3. 双 T 选频网络振荡器

电路如图 2.44 所示。

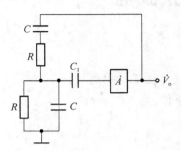

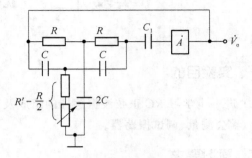

图 2.43 RC 串并联网络振荡器原理图   图 2.44 双 T 选频网络振荡器原理图

振荡频率：$f_0 = \dfrac{1}{5RC}$。

起振条件：$R' < \dfrac{R}{2}$，$|\dot{A}\dot{F}| > 1$。

电路特点：选频特性好，调频困难，适于产生单一频率的振荡。

五、实验内容与步骤

1. RC 串并联选频网络振荡器

（1）按图 2.45 组接线路。

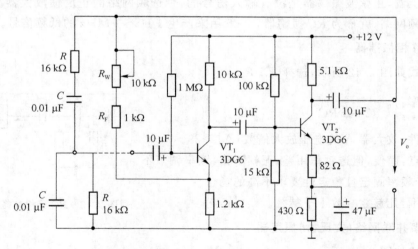

图 2.45 RC 串并联选频网络振荡器

（2）断开 RC 串并联网络，测量放大器静态工作点及电压放大倍数。

（3）接通 RC 串并联网络，并使电路起振，用示波器观测输出电压 V_o 波形，调节 R_F 使获得满意的正弦信号，记录波形及其参数。

（4）测量振荡频率，并与计算值进行比较。

（5）改变 R 或 C 值,观察振荡频率变化情况。

（6）RC 串并联网络幅频特性的观察

将 RC 串并联网络与放大器断开,用函数信号发生器的正弦信号注入 RC 串并联网络,保持输入信号的幅度不变(约 3 V),频率由低到高变化,RC 串并联网络输出幅值将随之变化,当信号源达某一频率时,RC 串并联网络的输出将达最大值(约 1 V 左右)。且输入、输出同相位,此时信号源频率为

$$f = f_{\circ} = \frac{1}{2\pi RC}$$

2. 双 T 选频网络振荡器

（1）按图 2.46 组接线路。

（2）断开双 T 网络,调试 VT_1 管静态工作点,使 V_{C1} 为 6～7 V。

（3）接入双 T 网络,用示波器观察输出波形。若不起振,调节 R_{W1},使电路起振。

（4）测量电路振荡频率,并与计算值比较。

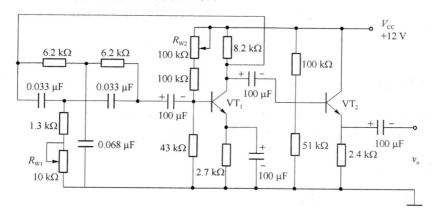

图 2.46　双 T 网络 RC 正弦波振荡器

*3. RC 移相式振荡器的组装与调试(参数自选,时间不够可不作)

（1）按图 2.47 组接线路。

（2）断开 RC 移相电路,调整放大器的静态工作点,测量放大器电压放大倍数。

（3）接通 RC 移相电路,调节 R_{b2} 使电路起振,并使输出波形幅度最大,用示波器观测输出电压 $U_{\circ}$ 波形,同时用频率计和示波器测量振荡频率,并与理论值比较。

六、实验报告要求

（1）由给定电路参数计算振荡频率,并与实测值比较,分析误差产生的原因。

（2）总结三类 RC 振荡器的特点。

七、问题

图 2.45 中 R_F 电阻的作用是什么? 如果选用热敏电阻,应选正温度系数还是负温度系数?

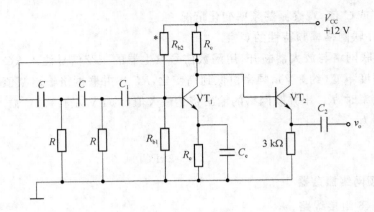

图 2.47 RC 移相式振荡器

实验十三 LC 正弦波振荡器

一、实验目的

(1) 掌握变压器反馈式 LC 正弦波振荡器的调整和测试方法。

(2) 研究电路参数对 LC 振荡器起振条件及输出波形的影响。

二、预习要求

复习教材中有关 LC 振荡器内容。

三、实验仪器与设备

＋12 V 直流电源;函数信号发生器;双踪示波器;交流毫伏表;直流电压表;频率计;振荡线圈;模拟电子线路实验箱;晶体三极管 3DG6×1(9011×1)、3DG12×1(9013×1)、电阻器、电容器若干。

四、实验原理与说明

LC 正弦波振荡器是用 L、C 元件组成选频网络的振荡器,一般用来产生 1 MHz 以上的高频正弦信号。根据 LC 调谐回路的不同连接方式,LC 正弦波振荡器又可分为变压器反馈式(或称互感耦合式)、电感三点式和电容三点式三种。图 2.48 为变压器反馈式 LC 正弦波振荡器的实验电路。其中,晶体三极管 VT_1 组成共射放大电路,变压器 T_r 的原绕组 L_1(振荡线圈)与电容 C 组成调谐回路,它既作为放大器的负载,又起选频作用,副绕组 L_2 为反馈线圈,L_3 为输出线圈。

该电路是靠变压器原、副绕组同名端的正确连接(如图 2.48 中所示)来满足自激振荡的相位条件,即满足正反馈条件。在实际调试中可以通过把振荡线圈 L_1 或反馈线圈 L_2 的首、末端

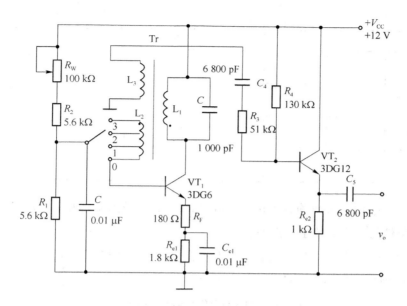

图 2.48　*LC* 正弦波振荡器实验电路

对调,来改变反馈的极性。而振幅条件的满足,一是靠合理选择电路参数,使放大器建立合适的静态工作点,二是改变线圈 L_2 的匝数,或它与 L_1 之间的耦合程度,以得到足够强的反馈量。稳幅作用是利用晶体管的非线性来实现的。由于 *LC* 并联谐振回路具有良好的选频作用,因此输出电压波形一般失真不大。

振荡器的振荡频率由谐振回路的电感和电容决定

$$f_o = \frac{1}{2\pi\sqrt{LC}}$$

其中,*L* 为并联谐振回路的等效电感(即考虑其他绕组的影响)。振荡器的输出端增加一级射极跟随器,用以提高电路的带负载能力。

五、实验内容与步骤

按图 2.48 连接实验电路。电位器 R_W 置最大位置,振荡电路的输出端接示波器。

1. 静态工作点的调整

(1)接通 $V_{CC} = +12$ 电源,调节电位器 R_W,使输出端得到不失真的正弦波形,如不起振,可改变 L_2 的首末端位置,使之起振。测量两管的静态工作点及正弦波的有效值 V_o,记入表 2.34。

(2)把 R_W 调小,观察输出波形的变化。测量有关数据,记入表 2.34。

(3)调大 R_W,使振荡波形刚刚消失,测量有关数据,记入表 2.34。

表 2.34　静态工作点测量数据记录表

		V_C/V	V_C/V	V_C/V	V_C/mA	V_o/V	V_o 波形
R_W 居中	VT$_1$						
	VT$_2$						

		V_C/V	V_C/V	V_C/V	V_C/mA	V_o/V	V_o 波形
R_W 小	VT$_1$						
	VT$_2$						
R_W 大	VT$_1$						
	VT$_2$						

根据以上三组数据,分析静态工作点对电路起振、输出波形幅度和失真的影响。

2. 观察反馈量大小对输出波形的影响

置反馈线圈 L_2 于位置"0"(无反馈)、"1"(反馈量不足)、"2"(反馈量合适)、"3"(反馈量过强)时测量相应的输出电压波形,记入表 2.35。

表 2.35　加入负反馈后测量数据记录表

L_2 位置	"0"	"1"	"2"	"3"
V_o 波形				

3. 验证相位条件

* 改变线圈 L_2 的首、末端位置,观察停振现象。
* 恢复 L_2 的正反馈接法,改变 L_1 的首末端位置,观察停振现象。

4. 测量振荡频率

调节 R_W 使电路正常起振,同时用示波器和频率计测量以下两种情况下的振荡频率 f_o,记入表 2.36。

谐振回路电容:(1)$C=1\,000$ pF;(2)$C=100$ pF。

表 2.36　加入振荡频率测量数据记录表

C/pF	1 000	100
f/kHz		

5. 观察谐振回路 Q 值对电路工作的影响

谐振回路两端并入 $R=5.1\,k\Omega$ 的电阻,观察 R 并入前后振荡波形的变化情况。

六、实验报告要求

(1)整理实验数据,并分析讨论:

① LC 正弦波振荡器的相位条件和幅值条件。

② 电路参数对 LC 振荡器起振条件及输出波形的影响。

（2）讨论实验中发现的问题及解决办法。

七、问题

（1）LC 振荡器是怎样进行稳幅的？在不影响起振的条件下，晶体管的集电极电流是大一些好，还是小一些好？

（2）为什么可以用测量停振和起振两种情况下晶体管的 V_{be} 变化，来判断振荡器是否起振？

实验十四　集成稳压电路

一、实验目的

（1）了解集成三端稳压器的特性和使用方法。

（2）掌握集成稳压器主要性能指标的测试方法。

二、预习要求

（1）复习集成稳压电路的有关内容。

（2）了解集成稳压器 7815 的主要技术参数。

三、实验仪器与设备

＋12 V 直流电源；函数信号发生器；双踪示波器；直流电压表；直流稳压电源；三端稳压器 7815；电阻、电容若干；模拟电子线路实验箱。

四、实验原理与说明

直流稳压电源几乎是所有电子设备中不可缺少的。它由变压器、整流器、滤波器和稳压器四部分组成。稳压器只是直流稳压电源的一部分。

1. 常用集成稳压器简介

目前，由分立元件构成的稳压器几乎被淘汰，取而代之的是应用广泛的集成稳压器。集成稳压器具有性能指标高，使用、组装十分方便等特点。我国生产的型号为 CW7800 系列。该系列的后两位数字代表固定稳压输出值，如 7812 表示稳压输出为＋12 V；7900 系列是负输出稳压器，如 7912 表示稳压输出为－12 V。

（1）7800 系列三端固定正输出稳压器

7800 系列的集成稳压器广泛应用于各种整机或电路板电源上。其稳定输出电压为＋5～＋24 V，有七个档次；加热散热器后输出额定电流可达 1.5 A。稳压器内部具有过流、过热和安全工作区保护电路，一般不会因过载而损坏。如果外部接少量元件还可构成可调式稳压器和恒流源。7800 系列集成稳压器的外形图及外引线如图 2.49 所示（以 7805 为例）。其典型应用电路如图 2.50 所示。

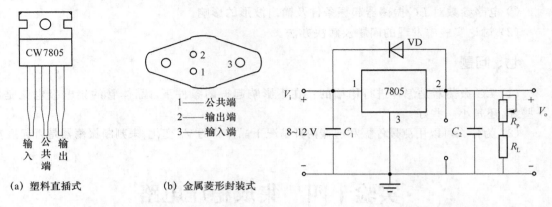

<table>
<tr><td>（a）塑料直插式</td><td>（b）金属菱形封装式</td></tr>
</table>

1——公共端
2——输出端
3——输入端

图 2.49　7800 系列集成稳压器外形及外引线排列　　　图 2.50　7800 系列稳压器典型应用电路

　　图 2.50 所示电路中，C_1 用于抑制过压和纹波；C_2 用于改善负载瞬态效应。为保证稳压器能正常工作，对输入直流电压也有所要求，一般输入直流电压应比输出直流电压高 2～3 V，不宜高出太多，高出太多会使稳压器功耗过大，易损坏稳压器。

　　另外，为避免因输入端短路或输入滤波器电容开路造成输出瞬间过压，可在输入和输出端之间加保护二极管 VD，如图 2.50 所示。

　　（2）7900 系列三端固定负输出稳压器

　　7900 系列的稳压器与 7800 系列基本相同，只是输出电流小，加装散热器后，输出额定电流只能达到 500 mA 左右。7900 系列集成稳压器的形状及外引线如图 2.51 所示。

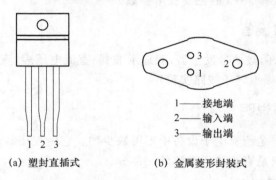

（a）塑封直插式　　　　　　　（b）金属菱形封装式

1——接地端
2——输入端
3——输出端

图 2.51　7900 系列集成稳压器外形及外引线排列

2. 稳压器主要参数及测试方法

（1）稳压系数 S_V

　　直流稳压电源可用图 2.52 所示框图表示。当输出电流不变（且负载为确定值）时，输入电压变化将引起输出电压变化，则输出电压相对变化量与输入电压相对变化量之比，定义为稳压系数，用 S_V 表示如下：

$$S_V = \frac{\Delta V_O / V_O}{\Delta V_I / V_I}\Big|_{\Delta I_L = 0}$$

　　测量时，如选用多位直流数字电压表，可直接测出当输入电压 V_I 增加或减少 10％时，其相应的输出电压 V_O、V_{O1}、V_{O2}，求出 ΔV_{O1}，ΔV_{O2}，并将其中数值较大的 ΔV_O 代入 S_V 表达式中。

显然，S_v 越小，稳压效果越好。

若没有多位直流数字电压表，一般采用差值法测量。差值法原理如图 2.53 所示。

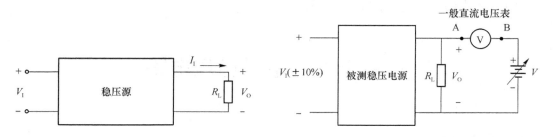

图 2.52　稳压电源框图　　　　　　图 2.53　差值法测量 ΔV_O

图中 V 为一组标准电池（或高性能的直流稳压电源），其电压近似等于被测稳压电源的输出电压。将其串入普通电压后与被测稳压器并联。这样，普通电压表 A、B 两端电位差很小，故可选用低量程（即高灵敏度挡）进行测量。当输入电压为 V_I 时，电压表指示值为 V_{AB}；当 V_I 升高或降低 10% 时，电压表指示值分别为 V_{AB1}、V_{AB2}。由于标准电压不变，所以稳压器输出电压变化量分别为 $\Delta V_{O1} = |V_{AB} - V_{AB1}|$、$\Delta V_{O2} = |V_{AB} - V_{AB2}|$，并应以变化量高的一次记作 ΔV_O。

（2）输出电阻 R_O

输入电压不变，当负载变化使输出电流增加或减小，会引起输出电压发生很小的变化，则输出电压变化量与输出电流变化量之比，定义为稳压电源的输出电阻，用 R_O 表示。

$$R_O = \left| \frac{\Delta V_O}{\Delta I_L} \right|_{\Delta V_I = 0}$$

其中，$\Delta I_L = I_{Lmax} - I_{Lmin}$（$I_{Lmax}$ 为稳压器额定输出电流，$I_{Lmax} = 0$）。测量时，令 $V_I = $ 常数，用直接测量法（或差值法）分别测出 I_{Lmax} 时的 V_{O1} 和 I_{Lmin} 时的 V_{O2}，求出 ΔV_O，即可算出 R_O。

（3）纹波电压

纹波电压是指输出电压交流分量的有效值，一般为毫伏数量级。测量时，保持输出电压 V_O 和输出电流 I_L 为额定值，用交流电压表直接测量即可。

五、实验内容与步骤

1. 测试输出电压

（1）根据图 2.49 连线，测试 7805 的输出电压。

（2）改变滑动变阻器的阻值 R_p，再次测试输出电压。

（3）多次重复步骤 2，观察每次的输出电压是否有明显变化。

2. 用差值法测试图 2.50 稳压器的稳压系数 S_v

（1）测试输出电阻 R_O。

（2）测试纹波电压值。

六、实验报告要求

（1）记录测试条件和测试结果。

（2）分析、整理实验结果，对集成稳压器的性能给予评价。

七、问题

简述 7800 系列与 7900 系列有何不同。

实验十五　串联稳压电路

一、实验目的

(1) 了解串联稳压电路的工作原理及特点。

(2) 掌握带放大环节的串联稳压电路的安装、调整和性能测试的方法。

二、预习要求

(1) 复习串联稳压电路的种类及其工作原理。

(2) 分析图 2.56 中各三极管的 Q 点(设各管的 $\beta = 100$, R_P 处于中间)及电阻 R_2 和发光二极管的作用。

(3) 试说明图 2.54 所示串联稳压电路的工作原理。(提示:输出电压 V_O 是靠调节调整管的管压降实现稳压。)

(4) 比较说明图 2.55 所示改进型串联稳压电路的工作原理。

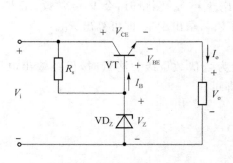

图 2.54　串联稳压电路

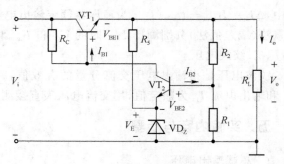

图 2.55　改进型串联稳压电路

三、实验仪器与设备

＋12 V 直流电源;函数信号发生器;双踪示波器;直流稳压电源;直流电压表;频率计;模拟电子线路实验箱;"串联稳压电路"模块。

四、实验内容与步骤

实验电路如图 2.56 所示。

(1) 静态调试

① 按电路接线。

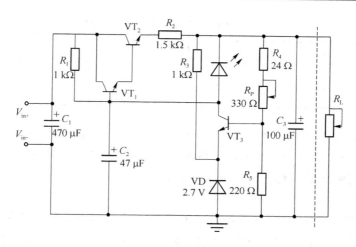

图 2.56　实验电路图

② 负载 R_L 开路负载。

③ 将输入电源调到 9 V,接到 V_i 端,再调相位器 R_P,使 $V_o = 6$ V,测量各三极管的 Q 点,填表 2.37。

表 2.37　静态工作点测量数据记录表

输入电压 V_i	输出电压 V_o	需测器件	V_b	V_c	V_e
		VT_1			
		VT_2			
		VT_3			

④ 调 R_P,观察输出电压 V_o 的变化情况,填表 2.38。

表 2.38　输出电压变化范围测量

V_i	V_{omin}	V_{omax}
9 V		

（2）动态测量

① 测量电源稳压特性。空载调整电源电位器,按表 2.39 进行实验。

表 2.39　电源稳态特性测量数据记录表

输入电压 V_i	输出电压 V_o	稳压系数 S	备注
8 V		$S = \dfrac{\dfrac{\Delta V_o}{V_o}}{\dfrac{\Delta V_2}{V_2}}$	$V_o = 6$ V
10 V			$V_2 = 9$ V

② 测量稳压电源内阻 r_o。按表 2.40 进行实验。

表 2.40　稳态电源内阻测量数据记录表

I_L	V_o	R_o	备注
0		$R_o = \dfrac{\Delta V_o}{\Delta I_L}$	保持
100 mA			$V_i = 9$ V 不变

③ 测试输出的信波电压。将图 2.56 的电压输入端 V_i 接到图 2.56 的输出端,调整负载电阻,使 $I_L = 100$ mA 不变,用示波器观察稳压电源输入输出的交流分量。记录其波形。用晶体管毫伏表测量交流分量的大小,再计算其信波系数。

（3）输出保护

① 在电源输出端接负载 R_L 同时串接电流表,并用电压表监视输出电压,逐渐减小 R_L 值,直到短路。LED 发光二极管逐渐变亮,记录此时的电压、电流值。（注意维持时间应短,不超过 5 s。）

② 逐渐加大 R_L 值,观察记录输出电压、电流值。

五、实验报告要求

对测试数据进行处理,与理论值比较,分析误差原因。

六、问题

（1）调整图 2.56 中电位器 R_P 时,各三极管的静态工作点如何变化?

（2）图 2.56 中哪只三极管消耗的功率最大? 估算它为多少?

（3）如何改变电源保护值?

*（4）电压内阻为什么有时是负值?

实验十六　直流稳压电源

一、实验目的

（1）研究单相桥式整流、电容滤波电路的特性。

（2）研究集成稳压器的特点和性能指标的测试方法。

（3）了解集成稳压器扩展性能的方法。

二、预习要求

（1）复习教材中有关分立元件稳压电源部分内容,并根据实验电路参数估算 V_o 的可调范围及 $V_o = 12$ V 时 VT_1、VT_2 管的静态工作点(假设调整管的饱和压降 $V_{CE1S} \approx 1$ V)。

（2）说明图 2.58 中 V_2、V_1、V_o 及 $\widetilde{V}_o$ 的物理意义,并从实验仪器中选择合适的测量仪表。

三、实验仪器与设备

可调工频电源;函数信号发生器;双踪示波器;交流毫伏表;直流电压表;直流毫安表;滑线变阻器 200 Ω/1A;模拟电子线路实验箱;晶体三极管 3DG6×2(9011×2)、3DG12×1(9013×1)、晶体二极管 IN4007×4、稳压管 IN4735×1、电阻器、电容器若干。

四、实验原理与说明

电子设备一般都需要直流电源供电。这些直流电除了少数直接利用干电池和直流发电机外,大多数是采用把交流电(市电)转变为直流电的直流稳压电源。直流稳压电源由电源变压器、整流、滤波和稳压电路四部分组成,其原理框图如图 2.57 所示。电网供给的交流电压 v_1(220 V,50 Hz)经电源变压器降压后,得到符合电路需要的交流电压 v_2,然后由整流电路变换成方向不变、大小随时间变化的脉动电压 v_3,再用滤波器滤去其交流分量,就可得到比较平直的直流电压 V_0。但这样的直流输出电压,还会随交流电网电压的波动或负载的变动而变化。在对直流供电要求较高的场合,还需要使用稳压电路,以保证输出直流电压更加稳定。

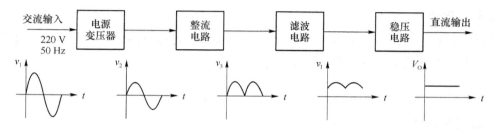

图 2.57　直流稳压电源框图

图 2.58 是由分立元件组成的串联型稳压电源的电路图。其整流部分为单相桥式整流、电容滤波电路。稳压部分为串联型稳压电路,它由调整元件(晶体管 VT_1);比较放大器 VT_2、R_7;取样电路 R_1、R_2、R_w,基准电压 V_Z、R_3 和过流保护电路 VT_3 管及电阻 R_4、R_5、R_6 等组成。整个稳压电路是一个具有电压串联负反馈的闭环系统,其稳压过程为:当电网电压波动或负载变动引起输出直流电压发生变化时,取样电路取出输出电压的一部分送入比较放大器,并与基准电压进行比较,产生的误差信号经 VT_2 放大后送至调整管 VT_1 的基极,使调整管改变其管压降,以补偿输出电压的变化,从而达到稳定输出电压的目的。

由于在稳压电路中,调整管与负载串联,因此流过它的电流与负载电流一样大。当输出电流过大或发生短路时,调整管会因电流过大或电压过高而损坏,所以需要对调整管加以保护。在图 2.58 电路中,晶体管 VT_3、R_4、R_5、R_6 组成减流型保护电路。此电路设计在 $I_{oP} = 1.2I_o$ 时开始起保护作用,此时输出电流减小,输出电压降低。故障排除后电路应能自动恢复正常工作。在调试时,若保护作用提前,应减少 R_6 值;若保护作用迟后,则应增大 R_6 值。

稳压电源的主要性能指标:

1. 输出电压 V_0 和输出电压调节范围

$$V_0 = \frac{R_1 + R_w + R_2}{R_2 + R_w''}(V_Z + V_{BE2})$$

调节 R_w 可以改变输出电压 V_0。

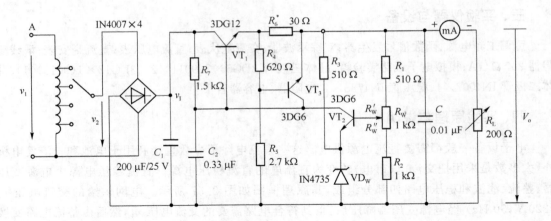

图 2.58　串联型稳压电源实验电路

2. 最大负载电流 I_{om}

3. 输出电阻 R_o

输出电阻 R_o 定义为：当输入电压 V_i（指稳压电路输入电压）保持不变，由于负载变化而引起的输出电压变化量与输出电流变化量之比，即

$$R_o = \frac{\Delta V_o}{\Delta I_o}\bigg|_{V_i = 常数}$$

4. 稳压系数 S（电压调整率）

稳压系数定义为：当负载保持不变，输出电压相对变化量与输入电压相对变化量之比，即

$$S = \frac{\Delta V_o / V_o}{\Delta V_i / V_i}\bigg|_{R_L = 常数}$$

由于工程上常把电网电压波动±10%作为极限条件，因此也有将此时输出电压的相对变化 $\Delta V_o / V_o$ 作为衡量指标，称为电压调整率。

5. 纹波电压

输出纹波电压是指在额定负载条件下，输出电压中所含交流分量的有效值（或峰值）。

五、实验内容与步骤

1. 整流滤波电路测试

按图 2.59 连接实验电路。取可调工频电源电压为 16 V，作为整流电路输入电压 V_2。

（1）取 $R_L = 240\,\Omega$，不加滤波电容，测量直流输出电压 V_L 及纹波电压 $\tilde{V}_L$，并用示波器观察 V_2 和 V_L 波形，记入表 2.41。

（2）取 $R_L = 240\,\Omega$，$C = 470\,\mu F$，重复内容（1）的要求，记入表 2.41。

（3）取 $R_L = 120\,\Omega$，$C = 470\,\mu F$，重复内容（1）的要求，记入表 2.41。

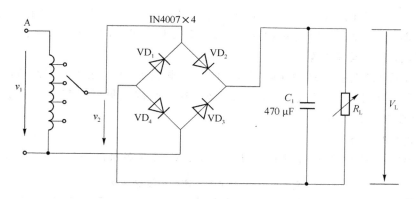

图 2.59　整流滤波电路

表 2.41　整流滤波电路测试数据记录表

电 路 形 式		V_L/V	$\tilde{V}_L/V$	V_L 波形
$R_L = 240\ \Omega$				
$R_L = 240\ \Omega$ $C = 470\ \mu F$				
$R_L = 120\ \Omega$ $C = 470\ \mu F$				

注：$V_2 = 16\ V$。

注意：① 每次改接电路时，必须切断工频电源。

② 在观察输出电压 V_L 波形的过程中，"Y 轴灵敏度"旋钮位置调好以后，不要再变动，否则将无法比较各波形的脉动情况。

2. 串联型稳压电源性能测试

切断工频电源，在图 2.59 基础上按图 2.58 连接实验电路。

（1）初测

稳压器输出端负载开路，断开保护电路，接通 16 V 工频电源，测量整流电路输入电压 V_2，滤波电路输出电压 V_i（稳压器输入电压）及输出电压 V_o。调节电位器 R_W，观察 V_o 的大小和变化情况，如果 V_o 能跟随 R_W 线性变化，这说明稳压电路各反馈环路工作基本正常。否则，说明稳压电路有故障，因为稳压器是一个深负反馈的闭环系统，只要环路中任一个环节出现故障（某管截止或饱和），稳压器就会失去自动调节作用。此时可分别检查基准电压 V_Z、输入电压 V_i、输出电压

V_o,以及比较放大器和调整管各电极的电位(主要是 V_{BE} 和 V_{CE}),分析它们的工作状态是否都处在线性区,从而找出不能正常工作的原因。排除故障以后就可以进行下一步测试。

(2)测量输出电压可调范围

接入负载 R_L(滑线变阻器),并调节 R_L,使输出电流 $I_o \approx 100\ \text{mA}$。再调节电位器 R_W,测量输出电压可调范围 $V_{omin} \sim V_{omax}$。且使 R_W 动点在中间位置附近时 $V_o = 12\ \text{V}$。若不满足要求,可适当调整 R_1、R_2 的值。

(3)测量各级静态工作点

调节输出电压 $V_o = 12\ \text{V}$,输出电流 $I_o = 100\ \text{mA}$,测量各级静态工作点,记入表 2.42。

表 2.42 静态工作点测试数据记录表

	VT$_1$	VT$_2$	VT$_3$
V_b/V			
V_c/V			
V_e/V			

注:$V_2 = 16\ \text{V}$,$V_o = 12\ \text{V}$,$I_o = 100\ \text{mA}$。

(4)测量稳压系数 S

取 $I_o = 100\ \text{mA}$,按表 2.43 改变整流电路输入电压 V_2(模拟电网电压波动),分别测出相应的稳压器输入电压 V_I 及输出直流电压 V_o,记入表 2.43。

(5)测量输出电阻 R_o

取 $V_2 = 16\ \text{V}$,改变滑线变阻器位置,使 I_o 为空载、50 mA 和 100 mA,测量相应的 V_o 值,记入表 2.44。

表 2.43 稳态系数测量数据记录表

测试值		计算值	
V_2/V	V_i/V	V_o/V	S
14			$S_{12} =$
16		12	
18			$S_{23} =$

注:$I_o = 100\ \text{mA}$。

表 2.44 输出电阻测量数据记录表

测试值		计算值
I_o/mA	V_o/V	R_o/Ω
空载		$R_{o12} =$
50	12	
100		$R_{o23} =$

注:$V_2 = 16\ \text{V}$。

(6)测量输出纹波电压

取 $V_2 = 16\ \text{V}$,$V_o = 12\ \text{V}$,$I_o = 100\ \text{mA}$,测量输出纹波电压 V_o,记录之。

（7）调整过流保护电路

① 断开工频电源，接上保护回路，再接通工频电源，调节 R_W 及 R_L 使 $V_o = 12$ V，$I_o = 100$ mA，此时保护电路应不起作用。测出 VT_3 管各极电位值。

② 逐渐减小 R_L，使 I_o 增加到 120 mA，观察 V_o 是否下降，并测出保护起作用时 VT_3 管各极的电位值。若保护作用过早或迟后，可改变 R_6 之值进行调整。

③ 用导线瞬时短接一下输出端，测量 V_o 值，然后去掉导线，检查电路是否能自动恢复正常工作。

六、实验报告要求

（1）对表 2.41 所测结果进行全面分析，总结桥式整流、电容滤波电路的特点。

（2）根据表 2.43 和表 2.44 所测数据，计算稳压电路的稳压系数 S 和输出电阻 R_o，并进行分析。

（3）分析讨论实验中出现的故障及其排除方法。

七、问题

（1）在桥式整流电路实验中，能否用双踪示波器同时观察 V_2 和 V_L 波形，为什么？

（2）在桥式整流电路中，如果某个二极管发生开路、短路或反接三种情况，将会出现什么问题？

（3）为了使稳压电源的输出电压 $V_o = 12$ V，则其输入电压的最小值 V_{Imax} 应等于多少？交流输入电压 V_{2min} 又怎样确定？

（4）当稳压电源输出不正常，或输出电压 V_o 不随取样电位器 R_W 而变化时，应如何进行检查找出故障所在？

（5）分析保护电路的工作原理。

（6）怎样提高稳压电源的性能指标（减小 S 和 R_o）？

实验十七　波形转换电路

一、实验目的

熟悉波形转换方法及了解误差原因。

二、预习要求

（1）输出波形的频率如何计算？怎样调节？

（2）图 2.62 所示的波形变换电路对工作频率有何影响？

三、实验仪器与设备

直流电源；函数信号发生器；双踪示波器；万用表；"波形转换电路"模块；模拟电子线路实验箱。

四、实验原理与说明

1. 三角波变锯齿波电路

三角波电压如图 2.60(a)，经波形变换电路所获得的锯齿波电压如图 2.60(b)所示。分析两个波形的关系可知，当三角波上升时，锯齿波与之相等，即

$$V_O : V_I = 1 : 1$$

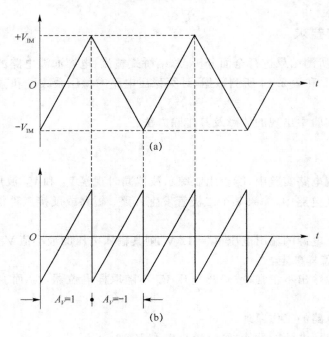

(a)

(b)

图 2.60　三角波变锯齿波的波形

当三角波下降时，锯齿波与之相反，即

$$V_O : V_I = -1 : 1$$

因此，波形变换电路应为比例运算电路，当三角波上升时，比例系数为 1；当三角波下降时，比例系数为 -1；利用可控的电子开关，可以实现比例系数的变化。

三角波变锯齿波电路如图 2.61 所示，其中电子开关为示意图，V_C 是电子开关的控制电压，它与输入三角波电压的对应关系如图 2.61 中所示。当 V_C 为低电平时，开关断开；当 V_C 为高电平时，开关闭合。分析含有电子开关的电路时，应分别求出开关断开和闭合两种情况下输出和输入间的函数关系，而且为了简单起见，常常忽略开关断开时的漏电流和闭合时的压降。

设开关断开，则 V_I 同时作用于集成运放的反相输入端和同相输入端，根据虚短和虚断的概念有

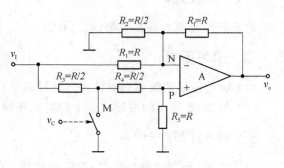

图 2.61　三角波变锯齿波电路

$$V_N = V_P = \frac{R_5}{R_3 + R_4 + R_5} \cdot V_1 = \frac{V_1}{2}$$

列 N 点电流方程 $\dfrac{V_I - V_N}{R_1} = \dfrac{V_N}{R_2} + \dfrac{V_N - V_O}{R_F}$，将 $R_1 = R$、$R_2 = \dfrac{R}{2}$、$R_F = R$ 及式 $V_N = V_P =$

$\dfrac{R_5}{R_3 + R_4 + R_5} \cdot V_1 = \dfrac{V_1}{2}$ 代入，解得 $V_O = V_I$。

设开关闭合，则集成运放的同相输入端和反相输入端为虚地，$V_N = V_P = 0$，电阻 R_2 中电流为零，等效电路是反相比例运算电路，因此，$V_O = -V_I$。

上述两式正好符合式最一开始的的要求，从而实现了将三角波转换成锯齿波。

2. 三角波变正弦波电路

（1）滤波法

在三角波电压为固定频率或频率变化范围很小的情况下，可以考虑采用低通滤波的方法将三角波变换为正弦波，电路框图如图 2.62(a) 所示。输入电压和输出电压的波形如图 2.62(b) 所示，V_O 的频率等于 V_I 基波的频率。

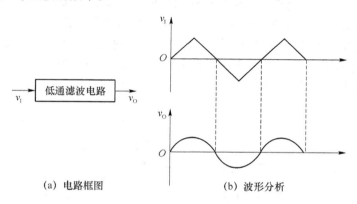

(a) 电路框图　　　　　　　　　　　　(b) 波形分析

图 2.62　利用低通滤波器将三角波变换成正弦波

将三角波按傅里叶级数展开

$$V_I(\omega t) = \frac{8}{\pi^2} V_m \left(\sin \omega t - \frac{1}{9} \sin 3\omega t + \frac{1}{25} \sin 5\omega t - \cdots \right)$$

其中，V_m 是三角波的幅值。根据上式可知，低通滤波器的通带截止频率应大于三角波的基波频率且小于三角波的三次谐波频率。当然，也可利用带通滤波器来实现上述变换。例如，若三角波的频率范围为 $100 \sim 200\,\text{Hz}$，则低通滤波器的通带截止频率可取 $250\,\text{Hz}$，带通滤波器的通频带可取 $50 \sim 250\,\text{Hz}$。但是，如果三角波的最高频率超过其最低频率的 3 倍，就要考虑采用折线法来实现变换了。

（2）折线法

比较三角波和正弦波的波形，可以发现，在正弦波从零逐渐增大到峰值的过程中，与三角波的差别越来越大。峰值附近功差别最大，而其余部分相差不多。因此，根据正弦波与三角波的差别，将三角波分成若干段，按不同的比例衰减，就可以得到近似于正弦波的折线化波形，如图 2.63 所示。

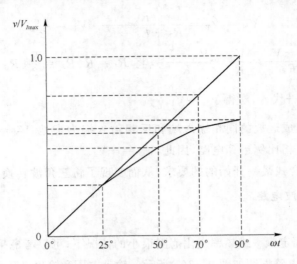

图 2.63 用折线近似正弦波的示意图

根据上述思路,应采用比例系数可以自动调节的运算电路。利用二极管和电阻构成的反馈通路,可以随着输入电压的数值不同而改变电路的比例系数,如图 2.64 所示。由于反馈通路中有电阻 R_f,即使电路中所有二极管均截止,负反馈仍然存在,故集成运放的反相输入端和同相输入端为虚地,$V_N = V_P = 0$。当 $V_I = 0$ 时,$V_O = 0$;由于 $+V_{CC}$ 和 $-V_{CC}$ 的作用,所有二极管均截止;电阻阻值的选择应保证 $V_1 < V_2 < V_3$,$V_1' > V_2' > V_3'$。

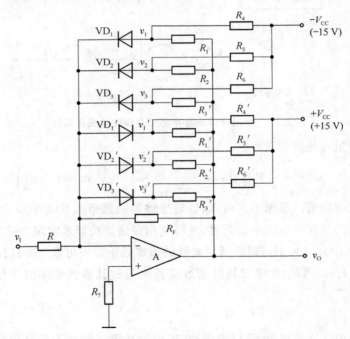

图 2.64 三角波变正弦波电路

当 V_I 从 0 逐渐降低到 $|V_I| < 0.3V_m$ 时,V_O 从 0 逐渐升高,从而 V_1、V_2、V_3 也随之逐渐升高,但各二极管仍处于截止状态,根据图 2.63 所示曲线,$V_O = -V_1$,比例系数的值

$$|k| = \left| \frac{V_\text{O}}{V_\text{I}} \right| = 1$$

当 V_I 继续降低且 $0.3V_\text{m} < |V_\text{I}| < 0.56V_\text{m}$ 时，VD_1 导通，此时的等效电路如图 2.65 所示。若忽略二极管的正向电阻。则 N 点的电流方程为

$$\frac{-V_1}{R} + \frac{V_\text{CC}}{R_4} \approx \frac{V_\text{O}}{R_\text{F}} + \frac{V_\text{O}}{R_1}$$

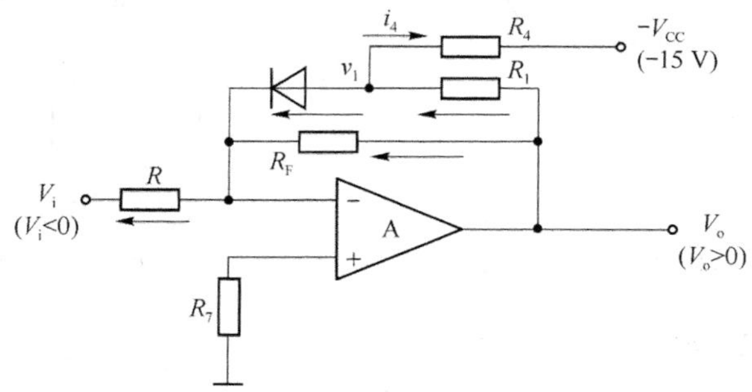

图 2.65　三角波变正弦波电路的分析

根据图 2.63 所示曲线，$|V_\text{O}| \approx 0.89V_\text{I}$。合理选择 R_4，使 $\frac{V_\text{CC}}{R_4} = \frac{V_\text{O}}{R_\text{F}}$，从而比例系数 $|k| \approx \frac{R_1}{R} \approx 0.89$，选择 $R_1 \approx 0.89R$，就可得到 $|V_\text{O}| \approx 0.89V_\text{I}$。

随着 V_1 逐渐降低，V_O 逐渐升高，VD_2、VD_3 依次导通，等效反馈电阻逐渐减小，比例系数的数值依次约为 0.77、0.63。当 V_1 从负的峰值逐渐增大时，VD_3、VD_2、VD_1 依次截止，比例系数的数值依次约为 0.63、0.77、0.89、1。同理，当 V_1 逐渐升高，V_O 逐渐降低时，VD_1'、VD_2'、VD_3' 依次导通，等效反馈电阻逐渐减小，比例系数的数值依次约为 1、0.89、0.77、0.635。当 V_1 从正的峰值逐渐减小时，VD_1'、VD_2'、VD_3' 依次截止，比例系数的数值依次约为 0.63、0.77、0.89、1；使输出电压接近正弦波的变化规律，与输入三角波反相。

应当指出，为了使输出电压波形更接近于正弦波，应当将三角波的四分之一区域分成更多的线段，尤其是在三角波和正弦波差别明显的部分，然后再按正弦波的规律控制比例系数，逐段衰减。

折线法的优点是不受输入电压频率范围的限制，便于集成化，缺点是反馈网络中电阻的匹配比较困难。

五、实验内容与步骤

实验电路如图 2.66 和 2.67 所示。

图 2.66 为一占空比可调的矩形波发生电路，按图所示连接好实验电路，调整 R_P1，用示波器观察输出波形，当输出波形为方波时，再在其输出端接上图 2.67 所示电路（即 V_o1 接到 V_i2）。

（1）方波输入信号 $f = 500\ \text{Hz}$，$V = \pm 4\ \text{V}$。用示波器观察并记录 V_o2 的波形。

（2）改变 V_i2 的频率，观察 V_o2 的失真情况，思考如何调整恢复。

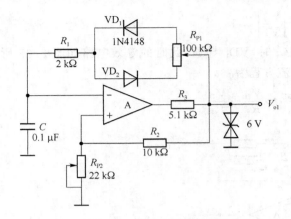

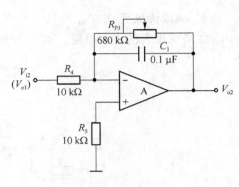

图 2.66　占空比可调的矩形波发生电路　　　　　　图 2.67　实验电路图 2

(3) 改变 V_{i2} 的幅度,观察三角波的变化。

六、实验报告要求

(1) 自行设计表格记录实验步骤(1)、(2)、(3)的波形。
(2) 总结各电路的特点。

七、问题

根据实验原理所述,设计一个将三角波变成正弦波的实验电路。观察记录输出波形并与理论所得进行比较。

实验十八　OTL 功率放大器

一、实验目的

(1) 进一步理解 OTL 功率放大器的工作原理。
(2) 学会 OTL 电路的调试及主要性能指标的测试方法。

二、预习要求

(1) 复习有关 OTL 工作原理部分内容。
(2) 电路中电位器 R_{w2} 如果开路或短路,对电路工作有何影响?
(3) 为了不损坏输出管,调试中应注意什么问题?
(4) 如果电路有自激现象,应如何消除?

三、实验仪器与设备

＋5 V 直流电源;函数信号发生器;双踪示波器;交流毫伏表;直流电压表;频率计;直流毫

安表；8 Ω 扬声器；模拟电子线路实验箱；电阻器、电容器若干；晶体三极管 3DG6（9011）、3DG12（9013）、3CG12（9012）晶体二极管 IN4007。

四、实验原理与说明

图 2.68 所示为 OTL 低频功率放大器。其中由晶体三极管 VT_1 组成推动级（也称前置放大级），VT_2、VT_3 是一对参数对称的 NPN 型和 PNP 型晶体三极管，它们组成互补推挽 OTL 功放电路。由于每一个管子都接成射极输出器形式，因此具有输出电阻低，负载能力强等优点，适合于作功率输出级。

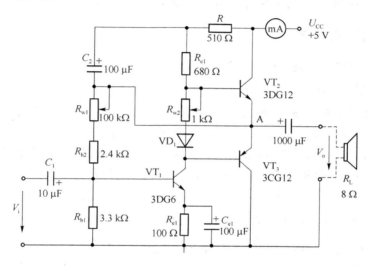

图 2.68　OTL 功率放大器实验电路

VT_1 管工作于甲类状态，它的集电极电流 I_{c1} 由电位器 R_{w1} 进行调节。I_{c1} 的一部分流经电位器 R_{w2} 及二极管 VD，给 VT_2、VT_3 提供偏压。调节 R_{w2}，可以使 VT_2、VT_3 得到合适的静态电流而工作于甲、乙类状态，以克服交越失真。静态时要求输出端中点 A 的电位 $V_A = \frac{1}{2}V_{CC}$，可以通过调节 R_{w1} 来实现，又由于 R_{w1} 的一端接在 A 点，因此在电路中引入交、直流电压并联负反馈，一方面能够稳定放大器的静态工作点，另一方面也改善了非线性失真。

当输入正弦交流信号 V_i 时，经 VT_1 放大、倒相后同时作用于 VT_2、VT_3 的基极，V_i 的负半周使 VT_2 管导通（VT_3 管截止），有电流通过负载 R_L，同时向电容 C_0 充电，在 V_i 的正半周，VT_3 导通（VT_2 截止），则已充好电的电容器 C_0 起着电源的作用，通过负载 R_L 放电，这样在 R_L 上就得到完整的正弦波。

C_2 和 R 构成自举电路，用于提高输出电压正半周的幅度，以得到大的动态范围。

OTL 电路的主要性能指标：

1. 最大不失真输出功率 P_{om}

理想情况下，$P_{om} = \frac{1}{8} \cdot \frac{V_{CC}^2}{R_L}$，在实验中可通过测量 R_L 两端的电压有效值，来求得实际的

$P_{om} = \frac{V_o^2}{R_L}$。

2. 效率 η

$$\eta = \frac{P_{om}}{P_E} 100\%$$

其中，P_E 为直流电源供给的平均功率。

理想情况下，$\eta_{max} = 78.5\%$。在实验中，可测量电源供给的平均电流 I_{dc}，从而求得 $P_E = V_{CC} \cdot I_{dc}$，负载上的交流功率已用上述方法求出，因而也就可以计算实际效率了。

3. 输入灵敏度

输入灵敏度是指输出最大不失真功率时，输入信号 V_i 之值。

五、实验内容与步骤

在整个测试过程中，电路不应有自激现象。

1. 静态工作点的测试

按图 2.68 连接实验电路，将输入信号旋钮旋至零（$V_i = 0$）。电源进线中串入直流毫安表，电位器 R_{w2} 置最小值（顺时针旋转到底），R_{w1} 置中间位置。接通 +5 V 电源，观察毫安表指示，同时用手触摸输出级管子，若电流过大，或管子温升显著，应立即断开电源检查原因（如 R_{w2} 开路，电路自激，或输出管性能不好等）。如无异常现象，可开始调试。

（1）调节输出端中点电位 V_A

调节电位器 R_{w1}，用直流电压表测量 A 点电位，使 $V_A = \frac{1}{2} V_{CC}$。

（2）调整输出级静态电流及测试各级静态工作点

调节 R_{w2}，使 VT_2、VT_3 管的 $I_{c2} = I_{c3} = 5 \sim 10$ mA。从减小交越失真角度而言，应适当加大输出级静态电流，但该电流过大，会使效率降低，所以一般以 $5 \sim 10$ mA 为宜。由于毫安表是串在电源进线中，因此测得的是整个放大器的电流，但一般 VT_1 的集电极电流 I_{c1} 较小，从而可以把测得的总电流近似当作末级的静态电流。如果要准确得到末级静态电流，则可从总电流中减去 I_{c1} 之值。

调整输出级静态电流的另一方法是动态调试法。先使 $R_{w2} = 0$，在输入端接入 $f = 1$ kHz 的正弦信号 V_i。逐渐加大输入信号的幅值，此时，输出波形应出现较严重的交越失真（注意：没有饱和和截止失真），然后缓慢增大 R_{w2}，当交越失真刚好消失时，停止调节 R_{w2}，恢复 $V_i = 0$，此时直流毫安表读数即为输出级静态电流。一般数值也应在 $5 \sim 10$ mA 左右，如过大，则要检查电路。

输出极电流调好以后，测量各级静态工作点，记入表 2.45。

表 2.45　静态工作测试数据记录表

$I_{c2} = I_{c3} = \quad$ mA　　$V_A = 2.5$ V

	VT$_1$	VT$_2$	VT$_3$
V_b/V			
V_c/V			
V_e/V			

注意：

① 在调整 R_{W2} 时，一是要注意旋转方向，不要调得过大，更不能开路，以免损坏输出管。

② 输出管静态电流调好，如无特殊情况，不得随意旋动 R_{W2} 的位置。

2. 最大输出功率 P_{om} 和效率 η 的测试

（1）测量 P_{om}

输入端接 $f=1\,\mathrm{kHz}$ 的正弦信号 V_i，输出端用示波器观察输出电压 V_o 波形。逐渐增大 V_i，使输出电压达到最大不失真输出，用交流毫伏表测出负载 R_L 上的电压 V_{om}，则

$$P_{om} = \frac{V_{om}^2}{R_L}$$

（2）测量 η

当输出电压为最大不失真输出时，读出直流毫安表中的电流值，此电流即为直流电源供给的平均电流 I_{dc}（有一定误差），由此可近似求得 $P_E=V_{CC}\cdot I_{dc}$，再根据上面测得的 P_{om}，即可求出 $\eta=\dfrac{P_{om}}{P_E}$。

3. 输入灵敏度测试

根据输入灵敏度的定义，只要测出输出功率 $P_o=P_{om}$ 时的输入电压值 V_i 即可。

4. 研究自举电路的作用

（1）测量有自举电路，且 $P_o=P_{omax}$ 时的电压增益 $A_V=\dfrac{V_{om}}{V_i}$。

（2）将 C_2 开路，R 短路（无自举），再测量 $P_o=P_{omax}$ 的 A_V。

用示波器观察（1）、（2）两种情况下的输出电压波形，并将以上两项测量结果进行比较，分析研究自举电路的作用。

5. 噪声电压的测试

测量时将输入端短路（$V_i=0$），观察输出噪声波形，并用交流毫伏表测量输出电压，即为噪声电压 V_N，本电路若 $V_N<15\,\mathrm{mV}$，即满足要求。

6. 试听

输入信号改为录音机输出，输出端接试听音箱及示波器。开机试听，并观察语言和音乐信号的输出波形。

六、实验报告要求

（1）整理实验数据，计算静态工作点、最大不失真输出功率 P_{om}、效率 η 等，并与理论值进行比较。

（2）分析自举电路的作用。

（3）讨论实验中发生的问题及解决办法。

七、问题

（1）为什么引入自举电路能够扩大输出电压的动态范围？

（2）交越失真产生的原因是什么？怎样克服交越失真？

实验十九　电流/电压转换电路

一、实验目的

掌握工业控制中标准电流信号转换成电压信号的电流/电压变换器的设计与调试。

二、预习要求

(1) 复习有关电流/电压转换和电压/电流转换的内容。

(2) 熟悉有关运放的各类应用电路,按设计要求写出设计过程和调试过程及步骤。

三、实验仪器与设备

直流电源;函数信号发生器;双踪示波器;万用表;直流电压表;"电流/电压转换电路"模板;模拟电子线路实验箱;OP07×2、稳压管 6V2×1、5 K 多圈电位器×1、2 K 多圈电位器×2、电阻和导线若干。

四、实验原理与说明

(1) 基本的电流-电压转换电路如图 2.69 所示。在理想运放条件下,输入电阻 $R_i = 0$,因而 $i_F = i_S$,故输出电压 $V_o = -i_S R_F$,R_S 比 R_i 大得越多,转换精度越高。

(2) 在工业控制中各类传感器常输出标准电流信号 4~20 mA,为此,常要先将其转换成 ±10 V 的电压信号,以便送给各类设备进行处理。这种转换电路以 4 mA 为满量程的 0% 对应 −10 V;12 mA 为 50% 对应 0 V;20 mA 为 100% 对应 +10 V。参考电路如图 2.70 所示。

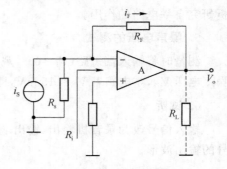

图中 A₁ 运放采用差动输入,其转换电压用电阻 R_1 两端接电流环两端,阻值用 500 Ω,可由两只 1 kΩ 电阻并联实现。这样输入电流 4 mA 对应电压 2 V,输入电流 20 mA 对应电压 10 V。A₁ 设计增益为 1,对应输出

图 2.69　电流/电压转换电路

电压为 −2~−10 V。故要求电阻 R_2、R_3、R_4 和 $R_5 + R_W$ 阻值相等。这里选 $R_2 = R_3 = R_4 = 10$ kΩ;选 $R_5 = 9.1$ kΩ,$R_{W1} = 2$ kΩ。R_{W1} 是用于调整由于电阻元件不对称造成的误差,使输出电压对应在 −2~−10 V。变化范围为 −2 V−(−10 V)=8 V。

而最终输出应为 −10~+10 V,变化范围为 10 V−(−10 V)=20 V,故 A₂ 级增益读者可由已知条件得出(为 20 V/8 V=2.5 倍),又输入电流为 12 mA 时,A₁ 输出电压为 −12 mA×0.5 mA=−6 V,此时要求 A₂ 输出为 0 V。故在 A₂ 反相输入端加入一个 +6 V 的直流电压,使 A₂ 输出为 0。A₂ 运放采用反相加法器,增益为 2.5 倍。取 $R_6 = R_7 = 10$ kΩ,$R_9 = 22$ kΩ,$R_{W2} = 5$ kΩ,$R_8 = R_6 // R_7 // R_9 = 4$ kΩ,取标称值 $R_8 = 3.9$ kΩ。

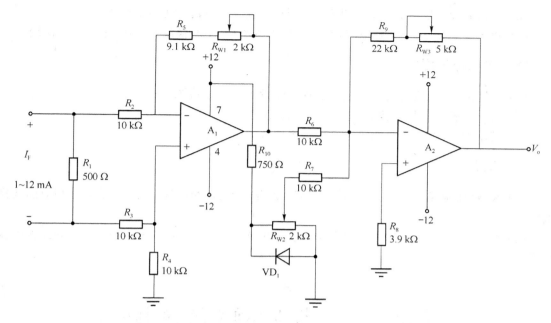

图 2.70　电流-电压转换电路

反相加法器引入电压为 6 V,通过稳压管经电阻分压取得。稳压管可选稳定电压介于 6～8 V 间的系列。这里取 6.2 V。工作电流定在 5 mA 左右。电位器电流控制在 1～2 mA 左右。这里 $I_{RW3} = 6.2\,V/2\,k\Omega = 3.1\,mA$。

则有

$$(12V - V_Z)/R_o = I_Z + I_{RW3}$$

故

$$R_{10} = \frac{12V - V_Z}{I_Z + I_{RW3}} = \frac{12 - 6.2}{5 + 3.1} = 0.71\ k\Omega$$

取标称值 $R_{10} = 750\ \Omega$。式中 12 V 为电路工作电压。R_{W2} 用于设置改变增益或变换的斜率(4 mA 为 -10 V,20 mA 为 $+10$ V),通过调整 R_{W1} 使变换电路输出满足设计要求。

五、实验内容与步骤

1. 电路设计要求

(1) 基本要求

将标准电流环输出电流 4～20 mA 转换为标准电压 ±10 V。12 mA 对应 0 V。试设计实现这一要求的电流/电压转换电路,误差控制在 5% 以内,电路工作电源取 ±12 V 或 ±15 V。

(2) 提高要求

设计一电压/电流变换电路,±10 V 对应 20 mA,0 V 对应 12 mA,-10 V 对应 4 mA,可查询或参考其他有关资料。工作电源取 ±6 V。

2. 实验验证

(1) 根据设计结果,在模拟电子线路实验箱中搭接电路。

(2) 根据现有条件,若没有电流源,应通过简易变换方式将电压源输出变换为电流输出。

（3）根据原理拟定调试步骤。建议逐级调试，直至最后输出达到指标要求。

（4）拟定 5～10 个测试点，取点应均匀，做出电流/电压变换或者电压/电流变换曲线。

六、实验报告要求

（1）写明电流/电压转换器的设计过程以及设计好的电路图。

（2）写出实验调试的步骤和电路调整过程。

（3）写出测量数据，画出电流电压的关系曲线。

七、问题

（1）A_1 运放构成差动输入，若将同相端与反相端对调，可行吗？若行，试给出相应的变换电路。

（2）按本实验方式设计一个电压/电流变换电路，将 ± 10 V 电压转换成 4～20 mA 的电流信号。

实验二十　电压/频率转换电路

一、实验目的

（1）学会用集成运放、二极管、电阻、电容实现将电压参量转换成频率参量的方法。

（2）掌握设计及调试电压/频率转换电路的方法。

（3）掌握锯齿波产生电路的原理及应用。

二、预习要求

（1）复习有关电压频率转换电路的内容和有关锯齿发生电路，方波发生电路的有关内容。

（2）画出图 2.72 中电容 C 的充电和放电回路。

（3）定性分析用可调电压 V_i 改变 V_o 频率的工作原理。

（4）R_5 和 R_4 的阻值如何确定？图 2.72 中，当要求输出信号幅值为 $12V_{P-P}$，输入电压值为 3 V，输出频率为 3 000 Hz，计算 R_4、R_5 的值。

三、实验仪器与设备

＋12 V 直流电源；函数信号发生器；双踪示波器；频率计；万用表；模拟电子线路实验箱；"电压/频率变换电路"模块；二极管 IN4148、稳压管 IN4148、运算放大器 LM741、10 kΩ 电阻器、2.2 kΩ 电阻器、0.1 μF 电容器。

四、实验原理与说明

1. 电压-频率转换电路

电压-频率转换电路（VFC）的功能是将输入直流电压转换成频率与其数值成正比的输出

电压,故也称为电压控制振荡电路(VCO),简称压控振荡电路。通常,它能够输出矩形波。可以想象,如果任何一个物理量通过传感器转换成电信号后,经预处理变换为合适的电压信号,然后去控制压控振荡电路,再用压控振荡电路的输出驱动计数器,使之在一定时间间隔内记录矩形波个数,并用数码显示,那么都可以得到该物理量的数字式测量仪。数字式测量仪表如图2.71 所示。因此,可以认为电压/频率转换电路是一种模拟量到数字量的转换电路,即模/数转换电路。电压-频率转换电路广泛应用于模拟/数字信号的转换、调频、遥控遥测等各种设备之中。其电路形式很多。

图 2.71　数字式测量仪表

本实验电路如图 2.72 所示。

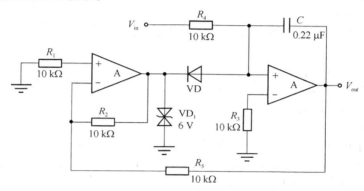

图 2.72　电压/频率转换实验电路

这个电路实际上就是一个方波、锯齿波发生电路(锯齿波产生电路原理见第 2 点),只不过这里是通过改变输入电压 V_i 的大小来改变波形频率的,从而将电压参量转换成频率参量。

2. 锯齿波产生电路

锯齿波和正弦波、矩形波、三角波是常用的基本测试信号。此外,如在示波器、电视机等仪器中,为了使电子按照一定规律运动,以利用荧光屏显示图像,常用到锯齿波产生器作为时基电路。例如,要在示波器荧光屏上不失真地观察到被测信号波形,要求在水平偏转板加上随时间作线性变化的电压——锯齿波电压,使电子束沿水平方向匀速搜索荧光屏。而电视机中显像管荧光屏上的光点,是靠磁场变化进行偏转的,所以需要用锯齿波电流来控制。锯齿波产生电路的种类很多,这里仅以图 2.73 所示的锯齿波电压产生电路为例,讨论其组成及工作原理。

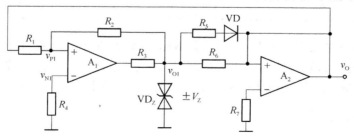

图 2.73　锯齿波产生电路

（1）电路组成

由图 2.73 可见，它包括同相输入迟滞比较器（A_1）和充放电时间常数不等的积分器（A_2）两部分，共同组成锯齿波电压产生器电路。

（2）工作原理

设 $t=0$ 时接通电源，有 $V_{o1}=-V_z$，则 $-V_z$ 经 R_6 向 C 充电，使输出电压按线性规律增长。当 V_o 上升到门限电压 V_{T+} 使 $V_{P1}=V_{N1}$ 时，比较器输出 V_{o1} 由 $-V_i$ 上跳到 $+V_i$，同时门限电压下跳到 V_{T-} 值。以后 $V_{o1}=+V_z$ 经 R_6 和 VD、R_6 两支路向 C 反向充电，由于时间常数减小，V_o 迅速下降到负值。当 V_o 下降到下门限电压 V_{T-} 使 $V_{P1}\approx V_{N1}$ 时，比较器输出 V_{o1} 又由 $+V_z$ 下跳到 $-V_z$。如此周而复始，产生振荡。由于电容 C 的正向与反向充电时间常数不相等，输出波形 V_O 为锯齿波电压，V_{o1} 为矩形波电压，如图 2.74 所示。

可以证明，设忽略二极管的正向电阻，其振荡周期为

$$T = T_1 + T_2 = \frac{2R_1R_6C}{R_2} + \frac{2R_1(R_6 /\!/ R_5)C}{R_2}$$

$$= \frac{2R_1R_6C(R_6 + 2R_5)}{R_2(R_6 + R_5)}$$

显然，图 2.72 所示电路，当 R_5、VD 支路开路，电容 C 的正、反向充电时间常数相等时，此时，锯齿波就变成三角波，图 2.71 所示电路就变成方波（V_{o1}）-三角波（V_o）产生电路，其振荡周期为 $T = \frac{2R_1R_6C}{R_2}$。

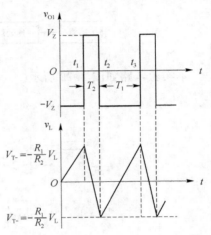

图 2.74　输出波形

五、实验内容与步骤

图 2.72 电路是一个锯齿波发生电路，通过改变输入电压 V_i 的大小来改变波形频率，从而将电压参量转换成频率参量。

表 2.46　频率测量数据记录表

	V_i/V	1	2	3	4	5	6
用示波器测得	T/ms						
	f/Hz						
用频率计测得	f/Hz						

参考上述实验电路 2 设计电压/频率转换电路，接好连线，检查电路连线准确无误后（特别注意检查 ± 12 V 电源线连接正确），接通电源，用示波器监视 V_o 波形，每改变一次输入端 V_i 的电压，测量一次输出端 V_o 的周期（用示波器）及频率（用频率计），并记入数据表 2.46 中。

六、实验报告要求

（1）写明实验名称。

（2）绘出所设计的电压/频率转换电路原理框图。

（3）列出实验记录数据表格。

（4）绘出电压-频率关系曲线,并讨论其结果。

七、问题

对照图 2.72 和 2.73,理解实验原理后,画图表示:为什么 V_i 变化可以实现频率的改变。

3.1　Multisim 10 电子电路仿真软件简介

随着时代发展,计算机技术在电子电路设计中发挥着越来越大的作用。传统的电子电路设计手段逐步被 EDA(Electronic Design Automation)所取代,EDA 覆盖了以下三个方面内容:电路设计、电路仿真和系统分析,它代表着现代电子系统设计的潮流。目前常用的 EDA软件有:Protel、Pspice、Orcad 和 EWB 系列软件。本章介绍 EWB 系列软件中优秀的Multisim 10仿真软件的基本操作方法和仿真功能。

启动操作,启动 Multisim 10 以后,出现如图 3.1 所示界面。主设计窗口如图 3.2 所示。

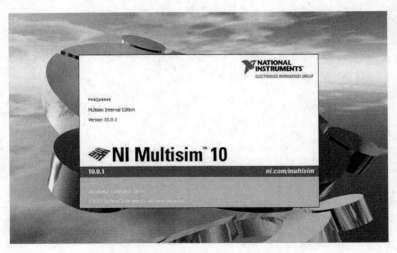

图 3.1　Multisim 10 启动界面

3.1.1　Multisim 10 功能简介

1. Multisim 10 软件简介

(1) NI Multisim 10 有丰富的 Help 功能,其 Help 系统不仅包括软件本身的操作指南,更重要的是包括元器件的功能解说,Help 中这种元器件功能解说有利于使用 EWB 进行 CAI 教

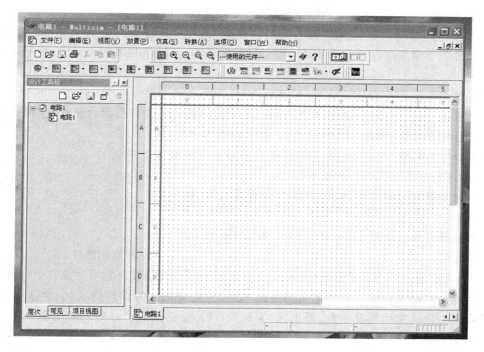

图 3.2　主设计窗口

学。另外,NI Multisim10 还提供了与国内外流行的印刷电路板设计自动化软件 Protel 及电路仿真软件 PSpice 之间的文件接口,也能通过 Windows 的剪贴板把电路图送往文字处理系统中进行编辑排版。支持 VHDL 和 Verilog HDL 语言的电路仿真与设计。

(2) 利用 NI Multisim 10 可以实现计算机仿真设计与虚拟实验,与传统的电子电路设计与实验方法相比,其具有如下特点:设计与实验可以同步进行,可以边设计边实验,修改调试方便;设计和实验用的元器件及测试仪器仪表齐全,可以完成各种类型的电路设计与实验;可方便地对电路参数进行测试和分析;可直接打印输出实验数据、测试参数、曲线和电路原理图;实验中不消耗实际的元器件,实验所需元器件的种类和数量不受限制,实验成本低,实验速度快,效率高;设计和实验成功的电路可以直接在产品中使用。

(3) NI Multisim 10 易学易用,便于电子信息、通信工程、自动化、电气控制类专业学生自学,便于开展综合性的设计和实验,有利于培养综合分析能力、开发和创新的能力。

(4) 电源/信号源库包含有接地端、直流电压源(电池)、正弦交流电压源、方波(时钟)电压源、压控方波电压源等多种电源与信号源。基本器件库包含有电阻、电容等多种元件。基本器件库中的虚拟元器件的参数可以任意设置,非虚拟元器件的参数是固定的,但是可以选择。

2. Multisim 10 软件库简介

二极管库包含有二极管、可控硅等多种器件。二极管库中的虚拟器件的参数是可以任意设置的,非虚拟元器件的参数是固定的,但是是可以选择的。

晶体管库包含有晶体管、FET 等多种器件。晶体管库中的虚拟器件的参数是可以任意设置的,非虚拟元器件的参数是固定的,但是是可以选择的。

模拟集成电路库包含有多种运算放大器。模拟集成电路库中的虚拟器件的参数是可以任意设置的,非虚拟元器件的参数是固定的,但是是可以选择的。

TTL 数字集成电路库包含有 74×× 系列和 74LS×× 系列等 74 系列数字电路器件。

CMOS 数字集成电路库包含有 40×× 系列和 74HC×× 系列多种 CMOS 数字集成电路系列器件。

数字器件库包含有 DSP、FPGA、CPLD、VHDL 等多种器件。

数模混合集成电路库包含有 ADC/DAC、555 定时器等多种数模混合集成电路器件。

指示器件库包含有电压表、电流表、七段数码管等多种器件。

电源器件库包含有三端稳压器、PWM 控制器等多种电源器件。

其他器件库包含有晶体、滤波器等多种器件。

键盘显示器库包含有键盘、LCD 等多种器件。

机电类器件库包含有开关、继电器等多种机电类器件。

微控制器件库包含有 8051、PIC 等多种微控制器。

射频元器件库包含有射频晶体管、射频 FET、微带线等多种射频元器件。

(1)子电路是由用户自己定义的一个电路(相当于一个电路模块),可存放在自定元器件库中供电路设计时反复调用。利用子电路可使大型的、复杂系统的设计模块化、层次化,从而提高设计效率与设计文档的简洁性、可读性,实现设计的重用,缩短产品的开发周期。

(2) Multisim 的仪器库存放有数字多用表、函数信号发生器、示波器、波特图仪、字信号发生器、逻辑分析仪、逻辑转换仪、瓦特表、失真度分析仪、网络分析仪、频谱分析仪共 11 种仪器仪表,仪器仪表以图标方式存在。

数字多用表(Multimeter)是一种可以用来测量交直流电压、交直流电流、电阻及电路中两点之间分贝损耗,自动调整量程的数字显示的多用表。

函数信号发生器(Function Generator)是可提供正弦波、三角波、方波三种不同波形的信号的电压信号源。

瓦特表(Wattmeter)用来测量电路的功率,交流或者直流均可测量。

示波器(Oscilloscope)用来显示电信号波形的形状、大小、频率等参数。

波特图仪(Bode Plotter)可以用来测量和显示电路的幅频特性与相频特性,类似于扫频仪。

字信号发生器(Word Generator)是能产生 16 路(位)同步逻辑信号的一个多路逻辑信号源,用于对数字逻辑电路进行测试。

逻辑分析仪(Logic Analyzer)用于对数字逻辑信号的高速采集和时序分析,可以同步记录和显示 16 路数字信号。

失真分析仪(Distortion Analyzer)是一种用来测量电路信号失真的仪器,Multisim 提供的失真分析仪频率范围为 20Hz～20kHz。频谱分析仪(Spectrum Analyzer)用来分析信号的频域特性,Multisim 提供的频谱分析仪频率范围上限为 4GHz。

网络分析仪(Network Analyzer)是一种用来分析双端口网络的仪器,它可以测量衰减器、放大器、混频器、功率分配器等电子电路及元件的特性。Multisim 提供的网络分析仪可以测量电路的 S 参数并计算出 H、Y、Z 参数。

IV(电流/电压)分析仪用来分析二极管、PNP 和 NPN 晶体管、PMOS 和 CMOS FET 的 IV 特性。注意:IV 分析仪只能够测量未连接到电路中的元器件。

Multisim 提供测量探针和电流探针。在电路仿真时,将测量探针和电流探针连接到电路中的测量点,测量探针即可测量出该点的电压和频率值。电流探针即可测量出该点的电流值。

电压表和电流表都放在指示元器件库中,在使用中数量没有限制。

3. Multisim 10 分析功能简介

Multisim 具有较强的分析功能,用鼠标单击 Simulate(仿真)菜单中的 Analysis(分析)菜单(Simulate→Analysis),可以弹出电路分析菜单。

(1)直流工作点分析(DC Operating Point...)

在进行直流工作点分析时,电路中的交流源将被置零,电容开路,电感短路。

(2)交流分析(AC Analysis...)

用于分析电路的频率特性。需先选定被分析的电路节点,在分析时,电路中的直流源将自动置零,交流信号源、电容、电感等均处在交流模式,输入信号也设定为正弦波形式。若把函数信号发生器的其他信号作为输入激励信号,在进行交流频率分析时,会自动把它作为正弦信号输入。因此输出响应也是该电路交流频率的函数。

(3)瞬态分析(Transient Analysis...)

瞬态分析是指对所选定的电路节点的时域响应的分析。即观察该节点在整个显示周期中每一时刻的电压波形。在进行瞬态分析时,直流电源保持常数,交流信号源随着时间而改变,电容和电感都是能量储存模式元件。

(4)傅里叶分析(Fourier Analysis...)

此方法用于分析一个时域信号的直流分量、基频分量和谐波分量。即把被测节点处的时域变化信号作离散傅里叶变换,求出它的频域变化规律。在进行傅里叶分析时,必须首先选择被分析的节点,一般将电路中的交流激励源的频率设定为基频,若在电路中有几个交流源时,可以将基频设定在这些频率的最小公因数上。譬如有一个 10.5 kHz 和一个 7 kHz 的交流激励源信号,则基频可取 0.5 kHz。

(5)噪声分析(Noise Analysis...)

用于检测电子线路输出信号的噪声功率幅度,用于计算、分析电阻或晶体管的噪声对电路的影响。在分析时,假定电路中各噪声源是互不相关的,因此它们的数值可以分开各自计算。总的噪声是各噪声在该节点的和(用有效值表示)。

(6)噪声系数分析(Noise Figure Analysis...)

主要用于研究元件模型中的噪声参数对电路的影响。在 Multisim 中噪声系数定义中:N_o 是输出噪声功率,N_s 是信号源电阻的热噪声,G 是电路的 AC 增益(即二端口网络的输出信号与输入信号的比)。噪声系数的单位是 dB,即 10log10F。

(7)失真分析(Distortion Analysis...)

用于分析电子电路中的谐波失真和内部调制失真(互调失真),通常非线性失真会导致谐波失真,而相位偏移会导致互调失真。若电路中有一个交流信号源,该分析能确定电路中每一个节点的二次谐波和三次谐波的复值。若电路有两个交流信号源,该分析能确定电路变量在三个不同频率处的复值:两个频率之和的值、两个频率之差的值以及二倍频与另一个频率的差值。该分析方法是对电路进行小信号的失真分析,采用多维的 Volterra 分析法和多维泰勒(Taylor)级数来描述工作点处的非线性,级数要用到三次方项。这种分析方法尤其适合观察在瞬态分析中无法看到的、比较小的失真。

（8）直流扫描分析（DC Sweep…）

直流扫描分析是利用一个或两个直流电源分析电路中某一节点上的直流工作点的数值变化的情况。注意：如果电路中有数字器件，可将其当成一个大的接地电阻处理。

（9）灵敏度分析（Sensitivity…）

灵敏度分析是分析电路特性对电路中元器件参数的敏感程度。灵敏度分析包括直流灵敏度分析和交流灵敏度分析。直流灵敏度分析的仿真结果以数值的形式显示，交流灵敏度分析仿真的结果以曲线的形式显示。

（10）参数扫描分析（Parameter Sweep…）

采用参数扫描方法分析电路，可以较快地获得某个元件的参数，在一定范围内变化时对电路的影响。相当于该元件每次取不同的值，进行多次仿真。对于数字器件，在进行参数扫描分析时将被视为高阻接地。

（11）采用温度扫描分析（Temperature Sweep…）

可以同时观察到在不同温度条件下的电路特性，相当于该元件每次取不同的温度值进行多次仿真。可以通过"温度扫描分析"对话框，选择被分析元件温度的起始值、终值和增量值。在进行其他分析的时候，电路的仿真温度默认值设定为 27℃。

（12）零一极点分析（Pole Zero）

用于对电路的稳定性分析。该分析方法可以用于交流小信号电路传递函数中零点和极点的分析。通常先进行直流工作点分析，对非线性器件求得线性化的小信号模型。在此基础上再分析传输函数的零、极点。零极点分析主要用于模拟小信号电路的分析，对数字器件将被视为高阻接地。

（13）传递函数分析（Transfer Function…）

可以分析一个源与两个节点的输出电压或一个源与一个电流输出变量之间的直流小信号传递函数。也可以用于计算输入和输出阻抗。需先对模拟电路或非线性器件进行直流工作点分析，求得线性化的模型，然后再进行小信号分析。输出变量可以是电路中的节点电压，输入必须是独立源。

（14）最坏情况分析（Worst Case…）

最坏情况分析是一种统计分析方法。它可以观察到在元件参数变化时，电路特性变化的最坏可能性。适合于对模拟电路值流和小信号电路的分析。所谓最坏情况是指电路中的元件参数在其容差域边界点上取某种组合时所引起的电路性能的最大偏差，而最坏情况分析是在给定电路元件参数容差的情况下，估算出电路性能相对于标称值时的最大偏差。

（15）蒙特卡罗分析（Monte Carlo…）

蒙特卡罗分析是采用统计分析方法来观察给定电路中的元件参数，按选定的误差分布类型在一定的范围内变化时，对电路特性的影响。用这些分析的结果，可以预测电路在批量生产时的成品率和生产成本。

（16）导线宽度分析（Trace Width…）

主要用于计算电路中电流流过时所需要的最小导线宽度。

（17）批处理分析（Batched…）

在实际电路分析中，通常需要对同一个电路进行多种分析。例如，对一个放大电路，为了确定静态工作点，需要进行直流工作点分析；为了了解其频率特性，需要进行交流分析；为了观察输出波形,需要进行瞬态分析。批处理分析可以将不同的分析功能放在一起依序执行。

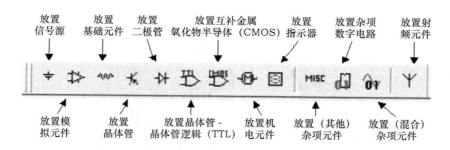

图 3.3　元器件库菜单

3.1.2　Multisim10 常用元件库分类

1. 放置信号源

(1) 单击图 3.3 中"放置信号源"按钮,弹出对话框中的"系列"栏如图 3.4 所示。

(2) 选中"电源(POWER_SOURCES)",其"元件"栏下内容如图 3.5 所示。

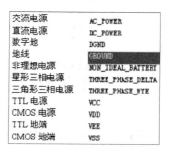

交流电源	AC_POWER
直流电源	DC_POWER
数字地	DGND
地线	GROUND
非理想电源	NON_IDEAL_BATTERY
星形三相电源	THREE_PHASE_DELTA
三角形三相电源	THREE_PHASE_WYE
TTL 电源	VCC
CMOS 电源	VDD
TTL 地端	VEE
CMOS 地端	VSS

电源	POWER_SOURCES
信号电压源	SIGNAL_VOLTAG…
信号电流源	SIGNAL_CURREN…
控制函数器件	CONTROL_FUNCT…
电压控源	CONTROLLED_VO…
电流控源	CONTROLLED_CU…

图 3.4　放置信号源弹出菜单　　　　图 3.5　元件栏下内容

(3) 选中"信号电压源(SIGNAL_VOLTAGE_SOURCES)",其"元件"栏下内容如图 3.6 所示。

(4) 选中"信号电流源(SIGNAL_CURRENT_SOURCES)",其"元件"栏下内容如图 3.7 所示。

交流信号电压源	AC_VOLTAGE
调幅信号电压源	AM_VOLTAGE
时钟信号电压源	CLOCK_VOLTAGE
指数信号电压源	EXPONENTIAL_VOLTAGE
调频信号电压源	FM_VOLTAGE
线性信号电压源	PIECEWISE_LINEAR_VOL
脉冲信号电压源	PULSE_VOLTAGE
噪声信号源	WHITE_NOISE

交流信号电流源	AC_CURRENT
时钟信号电流源	CLOCK_CURRENT
直流信号电流源	DC_CURRENT
指数信号电流源	EXPONENTIAL_CURRENT
调频信号电流源	FM_CURRENT
磁通量信号源	MAGNETIC_FLUX
磁通量类型信号源	MAGNETIC_FLUX_GENERA
线性信号电流源	PIECEWISE_LINEAR_CURI
脉冲信号电流源	PULSE_CURRENT

图 3.6　信号电压源栏下内容　　　　图 3.7　信号电流源栏下内容

(5) 选中"控制函数块(CONTROL_FUNCTION_BLOCKS)",其"元件"栏下内容如图 3.8 所示。

限流器	CURRENT LIMITER BLOCK
除法器	DIVIDER
乘法器	MULTIPLIER
非线性函数控制器	NONLINEAR_DEPENDENT
多项电压控制器	POLYNOMIAL_VOLTAGE
转移函数控制器	TRANSFER_FUNCTION_BL
限制电压函数控制器	VOLTAGE_CONTROLLED_L
微分函数控制器	VOLTAGE_DIFFERENTIATO
增压函数控制器	VOLTAGE_GAIN_BLOCK
滞回电压控制器	VOLTAGE_HYSTERISIS_B
积分函数控制器	VOLTAGE_INTEGRATOR
限幅器	VOLTAGE_LIMITER
信号响应速率控制器	VOLTAGE_SLEW_RATE_BL
加法器	VOLTAGE_SUMMER

图 3.8 控制函数块栏下内容

(6) 选中"电压控源(CONTROLLED_VOLTAGE_SOURCES)",其"元件"栏下内容如图 3.9 所示。

单脉冲控制器	CONTROLLED ONE SHOT
电流控电压器	CURRENT_CONTROLLED_VO
键控电压器	FSK_VOLTAGE
电压控线性源	VOLTAGE_CONTROLLED_P
电压控正弦波	VOLTAGE_CONTROLLED_S
电压控方波	VOLTAGE_CONTROLLED_SQ
电压控三角波	VOLTAGE_CONTROLLED_TI
电压控电压器	VOLTAGE_CONTROLLED_VO

图 3.9 控制函数块栏下内容

(7) 选中"电流控源(CONTROLLED_CURRENT_SOURCES)",其"元件"栏下内容如图 3.10 所示。

2. 放置模拟元件

单击"放置模拟元件"按钮,弹出对话框中"系列"栏如图 3.11 所示。

| 电流控电流源 | CURRENT CONTROLLED C |
| 电压控电流源 | VOLTAGE_CONTROLLED_C |

模拟虚拟元件	ANALOG_VIRTUAL
运算放大器	OPAMP
诺顿运算放大器	OPAMP_NORTON
比较器	COMPARATOR
宽带运放	WIDEBAND_AMPS
特殊功能运放	SPECIAL_FUNCTION

图 3.10 电流控源栏下内容   图 3.11 放置模拟元件

(1) 选中"模拟虚拟元件(ANALOG_VIRTUAL)",其"元件"栏中仅有虚拟比较器、三端虚拟运放和五端虚拟运放 3 个品种可供调用。

(2) 选中"运算放大器(OPAMP)",其"元件"栏中包括了国外许多公司提供的多达 4 243 种各种规格运放可供调用。

(3) 选中"诺顿运算放大器(OPAMP_NORTON)",其"元件"栏中有 16 种规格诺顿运放可供调用。

（4）选中"比较器（COMPARATOR）"，其"元件"栏中有 341 种规格比较器可供调用。

（5）选中"宽带运放（WIDEBAND_AMPS）"，其"元件"栏中有 144 种规格宽带运放可供调用，宽带运放典型值达 100 MHz，主要用于视频放大电路。

（6）选中"特殊功能运放（SPECIAL_FUNCTION）"，其"元件"栏中有 165 种规格特殊功能运放可供调用，主要包括：测试运放、视频运放、乘法器/除法器、前置放大器和有源滤波器等。

3. 放置基础元件

单击"放置基础元件"按钮，弹出对话框中"系列"栏如图 3.12 所示。

（1）选中"基本虚拟元件库（BASIC_VIRTUAL）"，其"元件"栏如图 3.13 所示。

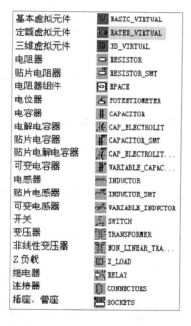

图 3.12　放置基础元件弹出菜单

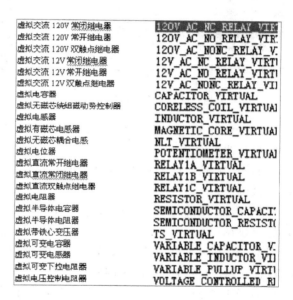

图 3.13　基本虚拟元件库

（2）选中"额定虚拟元件（RATED_VIRTUAL）"，其"元件"栏如图 3.14 所示。

（3）选中"三维虚拟元件（3D_VIRTUAL）"，其"元件"栏如图 3.15 所示。

（4）选中"电阻（RESISTOR）"，其"元件"栏中有从"1.0 Ω 到 22 MΩ"全系列电阻可供调用。

（5）选中"贴片电阻（RESISTOR_SMT）"，其"元件"栏中有从"0.05 Ω 到 20.00 MΩ"系列电阻可供调用。

（6）选中"排阻（RPACK）"，其"元件"栏中共有 7 种排阻可供调用。

（7）选中"电位器（POTENTIOMETER）"，其"元件"栏中共有 18 种阻值电位器可供调用。

（8）选中"电容器（CAPACITOR）"，其"元件"栏中有从"1.0 pF 到 10 μF"系列电容可供调用。

额定虚拟三五时基电路	555_TIMER_RATED
额定虚拟 NPN 晶体管	BJT_NPN_RATED
额定虚拟 PNP 晶体管	BJT_PNP_RATED
额定虚拟电解电容器	CAPACITOR_POL_RATED
额定虚拟电容器	CAPACITOR_RATED
额定虚拟二极管	DIODE_RATED
额定虚拟熔丝管	FUSE_RATED
额定虚拟电感器	INDUCTOR_RATED
额定虚拟蓝发光二极管	LED_BLUE_RATED
额定虚拟绿发光二极管	LED_GREEN_RATED
额定虚拟红发光二极管	LED_RED_RATED
额定虚拟黄发光二极管	LED_YELLOW_RATED
额定虚拟电动机	MOTOR_RATED
额定虚拟直流常闭继电器	NC_RELAY_RATED
额定虚拟直流常开继电器	NO_RELAY_RATED
额定虚拟直流双触点继电器	NONC_RELAY_RATED
额定虚拟运算放大器	OPAMP_RATED
额定虚拟普通发光二极管	PHOTO_DIODE_RATED
额定虚拟光电管	PHOTO_TRANSISTOR_RATED
额定虚拟电位器	POTENTIOMETER_RATED
额定虚拟下拉电阻	PULLUP_RATED
额定虚拟电阻	RESISTOR_RATED
额定虚拟带铁芯变压器	TRANSFORMER_CT_RATED
额定虚拟无铁芯变压器	TRANSFORMER_RATED
额定虚拟可变电容器	VARIABLE_CAPACITOR_RATED
额定虚拟可感电容器	VARIABLE_INDUCTOR_RATED

图 3.14　额定虚拟元件库

三维虚拟 555 电路	555 Timer
三维虚拟 PNP 型晶体管	Bjt-pnp1
三维虚拟 NPN 型晶体管	Bjt_npn1
三维虚拟 100μF 电容器	Capacitor1_100uF
三维虚拟 10pF 电容器	Capacitor2_10pF
三维虚拟 100pF 电容器	Capacitor3_100pF
三维虚拟同步十进制计数器(74LS160N)	Counter_74LS160N
三维虚拟二极管	Diode1
三维虚拟竖直 1.0μH 电感器	Inductor1_1.0uH
三维虚拟横卧 1.0μH 电感器	Inductor2_1.0uH
三维虚拟红色发光二极管	Led1_Red
三维虚拟黄色发光二极管	Led2_Yellow
三维虚拟绿色发光二极管	Led3_Green
三维虚拟场效应管(3TEN)	Mosfet1_3TEN
三维虚拟电动机	Motor_dc1
三维虚拟运算放大器(LM741)	Op-Amp_741
三维虚拟 5k 电位器	Potentiometer1_5K
三维虚拟四-2 输入与非门(7408)	Quad_And_Gate
三维虚拟 1.0k 电阻	Resistor1_1.0k
三维虚拟 4.7k 电阻	Resistor2_4.7k
三维虚拟 680Ω 电阻	Resistor3_680
三维虚拟 8 位移位寄存器(74LS165)	Shift_Register_74LS165N
三维虚拟推拉开关	Switch1

图 3.15　三维虚拟元件

（9）选中"电解电容器（CAP_ELECTROLIT）"，其"元件"栏中有从"0.1 μF 到 10 μF"系列电解电容器可供调用。

（10）选中"贴片电容（CAPACITOR_SMT）"，其"元件"栏中有从"0.5 pF 到 33 nF"系列电容可供调用。

（11）选中"贴片电解电容（CAP_ELECTROLIT_SMT）"，其"元件"栏中有 17 种贴片电解电容可供调用。

（12）选中"可变电容器（VARIABLE_CAPACITOR）"，其"元件"栏中仅有 30 pF、100 pF 和 350 pF 三种可变电容器可供调用。

（13）选中"电感（INDUCTOR）"，其"元件"栏中有从"1.0 μH 到 9.1 H"全系列电感可供调用。

（14）选中"贴片电感（INDUCTOR_SMT）"，其"元件"栏中有 23 种贴片电感可供调用。

（15）选中"可变电感器（VARIABLE_INDUCTOR）"，其"元件"栏中仅有三种可变电感器可供调用。

（16）选中"开关（SWITCH）"，其"元件"栏如图 3.16 所示。

（17）选中"变压器（TRANSFORMER）"，其"元件"栏中共有 20 种规格变压器可供调用。

（18）选中"非线性变压器（NON_LINEAR_TRANSFORMER）"，其"元件"栏中共有 10 种规格非

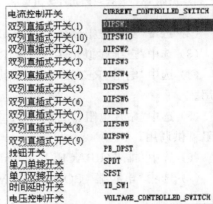

电流控制开关	CURRENT_CONTROLLED_SWITCH
双列直插式开关(1)	DIPSW1
双列直插式开关(10)	DIPSW10
双列直插式开关(2)	DIPSW2
双列直插式开关(3)	DIPSW3
双列直插式开关(4)	DIPSW4
双列直插式开关(5)	DIPSW5
双列直插式开关(6)	DIPSW6
双列直插式开关(7)	DIPSW7
双列直插式开关(8)	DIPSW8
双列直插式开关(9)	DIPSW9
按钮开关	PB_DPST
单刀单掷开关	SPDT
单刀双掷开关	SPST
时间延时开关	TD_SW1
电压控制开关	VOLTAGE_CONTROLLED_SWITCH

图 3.16　开关栏下内容

线性变压器可供调用。

（19）选中"负载阻抗（Z_LOAD）"，其"元件"栏中共有 10 种规格负载阻抗可供调用。

（20）选中"继电器（RELAY）"，其"元件"栏中共有 96 种规格直流继电器可供调用。

（21）选中"连接器（CONNECTORS）"，其"元件"栏中共有 130 种规格连接器可供调用。

（22）选中"双列直插式插座（SOCKETS）"，其"元件"栏中共有 12 种规格插座可供调用。

4. 放置三极管

单击"放置三极管"按钮，弹出对话框的"系列"栏如图 3.17 所示。

（1）选中"虚拟晶体管（TRANSISTORS_VIRTUAL）"，其"元件"栏中共有 16 种规格虚拟晶体管可供调用，其中包括 NPN 型和 PNP 型晶体管；JFET 和 MOSFET 等。

（2）选中"双极型 NPN 型晶体管（BJT_NPN）"，其"元件"栏中共有 658 种规格晶体管可供调用。

（3）选中"双极型 PNP 型晶体管（BJT_PNP）"，其"元件"栏中共有 409 种规格晶体管可供调用。

（4）选中"达林顿 NPN 型晶体管（DARLINGTON_NPN）"，其"元件"栏中有 46 种规格达林顿管可供调用。

（5）选中"达林顿 PNP 型晶体管（DARLINGTON_PNP）"，其"元件"栏中有 13 种规格达林顿管可供调用。

（6）选中"集成达林顿管阵列（DARLINGTON_ARRAY）"，其"元件"栏中有 8 种规格集成达林顿管可供调用。

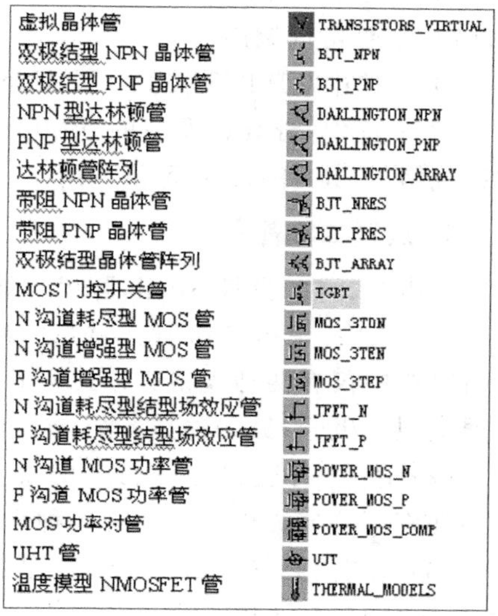

图 3.17　放置三极管弹出菜单

（7）选中"带阻 NPN 型晶体管（BJT_NRES）"，其"元件"栏中有 71 种规格带阻 NPN 型晶体管可供调用。

（8）选中"带阻 PNP 型晶体管（BJT_PRES）"，其"元件"栏中有 29 种规格带阻 PNP 型晶体管可供调用。

（9）选中"晶体管阵列（BJT_ARRAY）"，其"元件"栏中有 10 种规格晶体管阵列可供调用。

（10）选中"绝缘栅双极型三极管（IGBT）"，其"元件"栏中有 98 种规格绝缘栅双极型三极管可供调用。

（11）选中"MOS 门控开关（IGBT）"，其"元件"栏中有 98 种规格 MOS 门控制的功率开关可供调用。

（12）选中"N 沟道耗尽型 MOS 管（MOS_3TDN）"，其"元件"栏中有 9 种规格 MOSFET 管可供调用。

（13）选中"N 沟道增强型 MOS 管（MOS_3TEN）"，其"元件"栏中有 545 种规格 MOSFET 管可供调用。

（14）选中"P 沟道增强型 MOS 管（MOS_3TEP）"，其"元件"栏中有 157 种规格 MOSFET

管可供调用。

(15) 选中"N 沟道耗尽型结型场效应管（JFET_N)"，其"元件"栏中有 263 种规格 JFET 管可供调用。

(16) 选中"P 沟道耗尽型结型场效应管（JFET_P)"，其"元件"栏中有 26 种规格 JFET 管可供调用。

(17) 选中"N 沟道 MOS 功率管（POWER_MOS_N)"，其"元件"栏中有 116 种规格 N 沟道 MOS 功率管可供调用。

(18) 选中"P 沟道 MOS 功率管（POWER_MOS_P)"，其"元件"栏中有 38 种规格 P 沟道 MOS 功率管可供调用。

(19) 选中"UJT 管（UJT)"，其"元件"栏中仅有 2 种规格 UJT 管可供调用。

(20) 选中"带有热模型的 NMOSFET 管（THERMAL_MODELS)"，其"元件"栏中仅有一种规格 NMOSFET 管可供调用。

5. 放置二极管

单击"放置二极管"按钮，弹出对话框的"系列"栏如图 3.18 所示。

(1) 选中"虚拟二极管元件（DIODES_VIRTUAL)"，其"元件"栏中仅有两种规格虚拟二极管元件可供调用，一种是普通虚拟二极管，另一种是齐纳击穿虚拟二极管。

(2) 选中"普通二极管（DIODES)"，其"元件"栏中包括了国外许多公司提供的 807 种各种规格二极管可供调用。

(3) 选中"齐纳击穿二极管（即稳压管）（ZENER)"，其"元件"栏中包括了国外许多公司提供的 1 266 种各种规格稳压管可供调用。

(4) 选中"发光二极管（LED)"，其"元件"栏中有 8 种颜色的发光二极管可供调用。

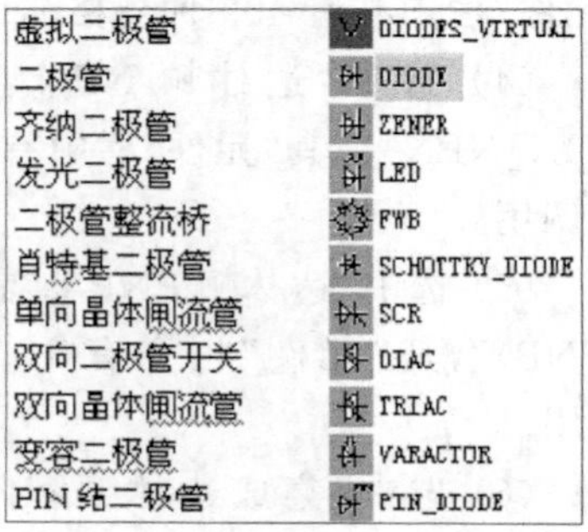

图 3.18　放置二极管弹出菜单

(5) 选中"全波桥式整流器（FWB)"，其"元件"栏中有 58 种规格全波桥式整流器可供调用。

(6) 选中"肖特基二极管（SCHOTTKY_DIODES)"，其"元件"栏中有 39 种规格肖特基二极管可供调用。

(7) 选中"单向晶体闸流管（SCR)"，其"元件"栏中共有 276 种规格单向晶体闸流管可供调用。

(8) 选中"双向开关二极管（DIAC)"，其"元件"栏中共有 11 种规格双向开关二极管（相当于两只肖特基二极管并联）可供调用。

(9) 选中"双向晶体闸流管（TRIAC)"，其"元件"栏中共有 101 种规格双向晶体闸流管可供调用。

(10) 选中"变容二极管（VARACTOR)"，其"元件"栏中共有 99 种规格变容二极管可供调用。

(11) 选中"PIN 结二极管（PIN_DIODES)（即 Positive-Intrinsic-Negetive 结二极管）"，其"元件"栏中共有 19 种规格 PIN 结二极管可供调用。

6. 放置晶体管-晶体管逻辑

单击"放置晶体管-晶体管逻辑（TTL）"按钮，弹出对话框的"系列"栏如图 3.19 所示。

（1）选中"74STD 系列"，其"元件"栏中有 126 种规格数字集成电路可供调用。

（2）选中"74S 系列"，其"元件"栏中有 111 种规格数字集成电路可供调用。

（3）选中"低功耗肖特基 TTL 型数字集成电路（74LS）"，其"元件"栏中有 281 种规格数字集成电路可供调用。

（4）选中"74F 系列"，其"元件"栏中有 185 种规格数字集成电路可供调用。

（5）选中"74ALS 系列"，其"元件"栏中有 92 种规格数字集成电路可供调用。

（6）选中"74AS 系列"，其"元件"栏中有 50 种规格数字集成电路可供调用。

7. 放置互补金属氧化物半导体

单击"放置互补金属氧化物半导体（CMOS）"按钮，弹出对话框的"系列"栏如图 3.20 所示。

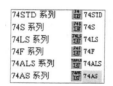

图 3.19　放置晶体管-晶体管
逻辑弹出菜单

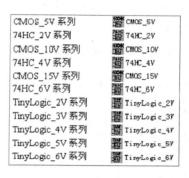

图 3.20　放置互补金属氧化物
半导体弹出菜单

（1）选中"CMOS_5V 系列"，其"元件"栏中有 265 种数字集成电路可供调用。

（2）选中"74HC_2V 系列"，其"元件"栏中有 176 种数字集成电路可供调用。

（3）选中"CMOS_10V 系列"，其"元件"栏中有 265 种数字集成电路可供调。

（4）选中"74HC_4V 系列"，其"元件"栏中有 126 种数字集成电路可供调用。

（5）选中"CMOS_15V 系列"，其"元件"栏中有 172 种数字集成电路可供调用。

（6）选中"74HC_6V 系列"，其"元件"栏中有 176 种数字集成电路可供调用。

（7）选中"TinyLogic_2V 系列"，其"元件"栏中有 18 种数字集成电路可供调用。

（8）选中"TinyLogic_3V 系列"，其"元件"栏中有 18 种数字集成电路可供调用。

（9）选中"TinyLogic_4V 系列"，其"元件"栏中有 18 种数字集成电路可供调用。

（10）选中"TinyLogic_5V 系列"，其"元件"栏中有 24 种数字集成电路可供调用。

（11）选中"TinyLogic_6V 系列"，其"元件"栏中有 7 种数字集成电路可供调用。

8. 放置机电元件

单击"放置机电元件"按钮，弹出对话框的"系列"栏如图 3.21 所示。

（1）选中"检测开关（SENSING_SWITCHES）"，其"元件"栏中有 17 种开关可供调用，并可用键盘上的相关键来控制开关的开或合。

（2）选中"瞬时开关（MPMENTARY_SWITCHES）"，其"元件"栏中有 6 种开关可供调用，动作后会很快恢复原来状态。

（3）选中"接触器（SUPPLEMENTARY_CONTACTS）"，其"元件"栏中有 21 种接触器可供调用。

（4）选中"定时接触器（TIMED_CONTACTS）"，其"元件"栏中有 4 种定时接触器可供调用。

（5）选中"线圈与继电器（COILS_RELAYS）"，其"元件"栏中有 55 种线圈与继电器可供调用。

（6）选中"线性变压器（LINE_TRANSFORMER）"，其"元件"栏中有 11 种线性变压器可供调用。

（7）选中"保护装置（PROTECTION_DEVICES）"，其"元件"栏中有 4 种保护装置可供调用。

（8）选中"输出设备（OUTPUT_DEVICES）"，其"元件"栏中有 6 种输出设备可供调用。

9. 放置指示器

单击"放置指示器"按钮，弹出对话框的"系列"栏如图 3.22 所示。

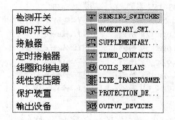

图 3.21　放置机电元件弹出菜单

图 3.22　放置指示器弹出菜单

（1）选中"电压表（VOLTMETER）"，其"元件"栏中有 4 种不同形式的电压表可供调用。

（2）选中"电流表（AMMETER）"，其"元件"栏中也有 4 种不同形式的电流表可供调用。

（3）选中"探测器（PROBE）"，其"元件"栏中有 5 种颜色的探测器可供调用。

（4）选中"蜂鸣器（BUZZER）"，其"元件"栏中仅有 2 种蜂鸣器可供调用。

（5）选中"灯泡（LAMP）"，其"元件"栏中有 9 种不同功率的灯泡可供调用。

（6）选中"虚拟灯泡（VIRTUAL_LAMP）"，其"元件"栏中只有 1 种虚拟灯泡可供调用。

（7）选中"十六进制显示器（HEX_DISPLAY）"，其"元件"栏中有 33 种十六进制显示器可供调用。

（8）选中"条形光柱（BARGRAPH）"，其"元件"栏中仅有 3 种条形光柱可供调用。

10. 放置杂项元件

单击"放置杂项元件"按钮，弹出对话框的"系列"栏如图 3.23 所示。

（1）选中"其他虚拟元件（MISC_VIRTUAL）"，其"元件"栏内容如图 3.24 所示。

（2）选中"传感器（TRANSDUCERS）"，其"元件"栏中有 70 种传感器可供调用。

（3）选中"光电三极管型光耦合器（OPTOCOUPLER）"，其"元件"栏中有 82 种传感器可供调用。

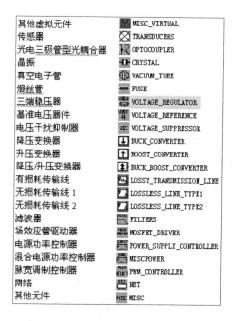

其他虚拟元件	MISC_VIRTUAL
传感器	TRANSDUCERS
光电三极管型光耦合器	OPTOCOUPLER
晶振	CRYSTAL
真空电子管	VACUUM_TUBE
熔丝管	FUSE
三端稳压器	VOLTAGE_REGULATOR
基准电压器件	VOLTAGE_REFERENCE
电压干扰抑制器	VOLTAGE_SUPPRESSOR
降压变换器	BUCK_CONVERTER
升压变换器	BOOST_CONVERTER
降压/升压变换器	BUCK_BOOST_CONVERTER
有损耗传输线	LOSSY_TRANSMISSION_LINE
无损耗传输线1	LOSSLESS_LINE_TYPE1
无损耗传输线2	LOSSLESS_LINE_TYPE2
滤波器	FILTERS
场效应管驱动器	MOSFET_DRIVER
电源功率控制器	POWER_SUPPLY_CONTROLLER
混合电源功率控制器	MISCPOWER
脉宽调制控制器	PWM_CONTROLLER
网络	NET
其他元件	MISC

图 3.23　放置杂项元件弹出菜单

（4）选中"晶振（CRYSTAL）"，其"元件"栏中有 18 种不同频率的晶振可供调用。

（5）选中"真空电子管（VACUUM_TUBE）"，其"元件"栏中有 22 种电子管可供调用。

（6）选中"熔丝（FUSE）"，其"元件"栏中有 13 种不同电流的熔丝可供调用。

（7）选中"三端稳压器（VOLTAGE_REGULA-TOR）"，其"元件"栏中有 158 种不同稳压值的三端稳压器可供调用。

（8）选中"基准电压组件（VOLTAGE_REFER-ENCE）"，其"元件"栏中有 106 种基准电压组件可供调用。

虚拟晶振	CRYSTAL_VIRTUAL
虚拟熔丝	FUSE_VIRTUAL
虚拟电机	MOTOR_VIRTUAL
虚拟光耦合器	OPTOCOUPLER_VIRTUAL
虚拟电子真空管	TRIODE_VIRTUAL

图 3.24　其他虚拟元件

（9）选中"电压干扰抑制器（VOLTAGE_SUPPRESSOR）"，其"元件"栏中有 118 种电压干扰抑制器可供调用。

（10）选中"降压变压器（BUCK_CONVERTER）"，其"元件"栏中只有 1 种降压变压器可供调用。

（11）选中"升压变压器（BOOST_CONVERTER）"，其"元件"栏中也只有 1 种升压变压器可供调用。

（12）选中"降压/升压变压器（BUCK_ BOOST_CONVERTER）"，其"元件"栏中有 2 种降压/升压变压器可供调用。

（13）选中"有损耗传输线（LOSSY_TRANSMISSION_LINE）"、"无损耗传输线 1（LOSS-LESS _LINE_TYPE1）"和"无损耗传输线 2（LOSSLESS _LINE_TYPE2）"，其"元件"栏中都只有 1 个品种可供调用。

（14）选中"滤波器（PILTERS）"，其"元件"栏中有 34 种滤波器可供调用。

（15）选中"场效应管驱动器（MOSFET_DRIVER）"，其"元件"栏中有 29 种场效应管驱动器可供调用。

（16）电源功率控制器（POWER_SUPPLY_CONTROLLER）中的"元件"栏中有 3 种电源功率控制器可供调用。

（17）选中"混合电源功率控制器（MISCPOWER）"，其"元件"栏中有 32 种混合电源功率控制器可供调用。

（18）选中"网络（NET）"，其"元件"栏中有 11 个品种可供调用。

（19）选中"其他元件（MISC）"，其"元件"栏中有 14 个品种可供调用。

11. 放置杂项数字电路

单击"放置杂项数字电路"按钮,弹出对话框的"系列"栏如图 3.25 所示。

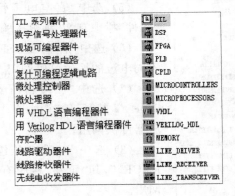

图 3.25　放置杂项数字电路弹出菜单

(1) 选中"TIL 系列器件(TIL)",其"元件"栏中有 103 个品种可供调用。

(2) 选中"数字信号处理器件(DSP)",其"元件"栏中有 117 个品种可供调用。

(3) 选中"现场可编程器件(FPGA)",其"元件"栏中有 83 个品种可供调用。

(4) 选中"可编程逻辑电路(PLD)",其"元件"栏中有 30 个品种可供调用。

(5) 选中"复杂可编程逻辑电路(CPLD)",其"元件"栏中有 20 个品种可供调用。

(6) 选中"微处理控制器(MICROCONTROLLERS)",其"元件"栏中有 70 个品种可供调用。

(7) 选中"微处理器(MICROPROCESSORS)",其"元件"栏中有 60 个品种可供调用。

(8) 选中"用 VHDL 语言编程器件(VHDL)",其"元件"栏中有 119 个品种可供调用。

(9) 选中"用 Verilog HDL 语言编程器件(VERILOG_HDL)",其"元件"栏中有 10 个品种可供调用。

(10) 选中"存储器(MEMORY)",其"元件"栏中有 87 个品种可供调用。

(11) 选中"线路驱动器件(LINE_DRIVER)",其"元件"栏中有 16 个品种可供调用。

(12) 选中"线路接收器件(LINE_RECEIVER)",其"元件"栏中有 20 个品种可供调用。

(13) 选中"无线电收发器件(LINE_TRANSCEIVER)",其"元件"栏中有 150 个品种可供调用。

12. 放置混合杂项元件

单击"放置混合杂项元件"按钮,弹出对话框的"系列"栏如图 3.26 所示。

(1) 选中"混合虚拟器件(MIXED_VIRTUAL)",其"元件"栏如图 3.27 所示。

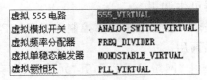

图 3.26　放置混合杂项元件　　　　　　图 3.27　混合虚拟器件

（2）选中"555 定时器（TIMER）"，其"元件"栏中有 8 种 LM555 电路可供调用。

（3）选中"A/D、D/A 转换器（ADC_DAC）"，其"元件"栏中有 39 种转换器可供调用。

（4）选中"模拟开关（ANALOG_SWITCH）"，其"元件"栏中有 127 种模拟开关可供调用。

（5）选中"多频振荡器（MULTIVIBRATORS）"，其"元件"栏中有 8 种振荡器可供调用。

13．放置射频元件

单击"放置射频元件"按钮，弹出对话框的"系列"栏如图 3.28 所示。

（1）选中"射频电容器（RF_CAPACITOR）"和"射频电感器（RF_INDUCTOR）"，其"元件"栏中都只有 1 个品种可供调用。

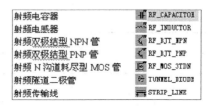

图 3.28　放置射频元件

（2）选中"射频双极结型 NPN 管（RF_BJT_NPN）"，其"元件"栏中有 84 种 NPN 管可供调用。

（3）选中"射频双极结型 PNP 管（RF_BJT_PNP）"，其"元件"栏中有 7 种 PNP 管可供调用。

（4）选中"射频 N 沟道耗尽型 MOS 管（RF_MOS_3TDN）"，其"元件"栏中有 30 种射频 MOSFET 管可供调用。

（5）选中"射频隧道二极管（TUNNEL_DIODE）"，其"元件"栏中有 10 种射频隧道二极管可供调用。

（6）选中"射频传输线（STRIP_LINE）"，其"元件"栏中有 6 种射频传输线可供调用。

至此，电子仿真软件 Multisim 8.0 的元件库及元器件全部介绍完毕，对读者在创建仿真电路寻找元件时有一定的帮助。这里还有几点说明：

（1）关于虚拟元件，这里指的是现实中不存在的元件，也可以理解为它们的元件参数可以任意修改和设置的元件。比如要一个 $1.034\ \Omega$ 电阻、$2.3\ \mu F$ 电容等不规范的特殊元件，就可以选择虚拟元件通过设置参数达到；但仿真电路中的虚拟元件不能链接到制版软件 Ultiboard 8.0 的 PCB 文件中进行制版，这一点不同于其他元件。

（2）与虚拟元件相对应，我们把现实中可以找到的元件称为真实元件或称现实元件。例如，电阻的"元件"栏中就列出了从 $1.0\ \Omega$ 到 $22\ M\Omega$ 的全系列现实中可以找到的电阻。现实电阻只能调用，其参数不能修改（极个别可以修改，比如晶体管的 β 值）。凡仿真电路中的真实元件都可以自动链接到 Ultiboard 8.0 中进行制版。

（3）电源虽列在现实元件栏中，但它属于虚拟元件，可以任意修改和设置它的参数；电源和地线也都不会进入 Ultiboard 7 的 PCB 界面进行制版。

（4）额定元件是指它们允许通过的电流、电压、功率等的最大值都有限制的元件，超过它们的额定值，该元件将击穿和烧毁。其他元件都是理想元件，没有定额限制。

（5）关于三维元件，电子仿真软件 Multisim 8.0 中有 23 个品种，且其参数不能修改，只能搭建一些简单的演示电路，但它们可以与其他元件混合组建仿真电路。

3.1.3　Multisim 界面菜单工具栏介绍

软件以图形界面为主，采用菜单、工具栏和热键相结合的方式，具有一般 Windows 应用软件的界面风格，用户可以根据自己的习惯和熟悉程度自如使用。

菜单栏位于界面的上方，通过菜单可以对 Multisim 的所有功能进行操作。

不难看出菜单中有一些与大多数 Windows 平台上的应用软件一致的功能选项,如 File、Edit、View、Options、Help。此外,还有一些 EDA 软件专用的选项,如 Place、Simulation、Transfer 以及 Tool 等。

1. File

File 菜单中包含了对文件和项目的基本操作以及打印等命令。File 命令及功能如表 3.1 所示。

表 3.1　File 命令及功能

命令	功能	命令	功能
New	建立新文件	Close Project	关闭项目
Open	打开文件	Version Control	版本管理
Close	关闭当前文件	Print Circuit	打印电路
Save	保存	Print Report	打印报表
Save As	另存为	Print Instrument	打印仪表
New Project	建立新项目	Recent Files	最近编辑过的文件
Open Project	打开项目	Recent Project	最近编辑过的项目
Save Project	保存当前项目	Exit	退出 Multisim

2. Edit

Edit 命令提供了类似于图形编辑软件的基本编辑功能,用于对电路图进行编辑。Edit 命令及功有如表 3.2 所示。

表 3.2　Edit 命令及功能

命令	功能	命令	功能
Undo	撤销编辑	Flip Horizontal	将所选的元件左右翻转
Cut	剪切	Flip Vertical	将所选的元件上下翻转
Copy	复制	90 ClockWise	将所选的元件顺时针 90°旋转
Paste	粘贴	90 ClockWiseCW	将所选的元件逆时针 90°旋转
Delete	删除	Component Properties	元器件属性
Select All	全选		

3. View

通过 View 菜单可以决定使用软件时的视图,对一些工具栏和窗口进行控制。View 命令及功能如表 3.3 所示。

4. Place

通过 Place 命令输入电路图。Place 命令及功能如表 3.4 所示。

5. Simulate

通过 Simulate 菜单执行仿真分析命令。Simulate 命令及功能如表 3.5 所示。

表 3.3　View 命令及功能

命令	功能
Toolbars	显示工具栏
Component Bars	显示元器件栏
Status Bars	显示状态栏
Show Simulation Error Log/Audit Trail	显示仿真错误记录信息窗口
Show XSpice Command Line Interface	显示 Xspice 命令窗口
Show Grapher	显示波形窗口
Show Simulate Switch	显示仿真开关
Show Grid	显示栅格
Show Page Bounds	显示页边界
Show Title Block and Border	显示标题栏和图框
Zoom In	放大显示
Zoom Out	缩小显示
Find	查找

表 3.4　Place 命令及功能

命令	功能
Place Component	放置元器件
Place Junction	放置连接点
Place Bus	放置总线
Place Input/Output	放置输入/出接口
Place Hierarchical Block	放置层次模块
Place Text	放置文字
Place Text Description Box	打开电路图描述窗口,编辑电路图描述文字
Replace Component	重新选择元器件替代当前选中的元器件
Place as Subcircuit	放置子电路
Replace by Subcircuit	重新选择子电路替代当前选中的子电路

表 3.5　Run 命令及功能

命令	功能
Run	执行仿真
Pause	暂停仿真
Default Instrument Settings	设置仪表的预置值
Digital Simulation Settings	设定数字仿真参数
Instruments	选用仪表(也可通过工具栏选择)
Analyses	选用各项分析功能
Postprocess	启用后处理
VHDL Simulation	进行 VHDL 仿真
Auto Fault Option	自动设置故障选项
Global Component Tolerances	设置所有器件的误差

6. Transfer 菜单

Transfer 菜单提供的命令可以完成 Multisim 对其他 EDA 软件需要的文件格式的输出。Transfer 命令及功能如表 3.6 所示。

表 3.6　Transfer 命令及功能

命令	功能
Transfer to Ultiboard	将所设计的电路图转换为 Ultiboard(Multisim 中的电路板设计软件)的文件格式
Transfer to other PCB Layout	将所设计的电路图以其他电路板设计软件所支持的文件格式
Backannotate From Ultiboard	将在 Ultiboard 中所作的修改标记到正在编辑的电路中
Export Simulation Results to MathCAD	将仿真结果输出到 MathCAD
Export Simulation Results to Excel	将仿真结果输出到 Excel
Export Netlist	输出电路网表文件

7. Tools

Tools 菜单主要针对元器件的编辑与管理的命令。Tools 命令及功能如表 3.7 所示。

表 3.7　Tools 命令及功能

命令	功能
Create Components	新建元器件
Edit Components	编辑元器件
Copy Components	复制元器件
Delete Component	删除元器件
Database Management	启动元器件数据库管理器,进行数据库的编辑管理工作
Update Component	更新元器件

8. Options

通过 Option 菜单可以对软件的运行环境进行定制和设置。Options 命令及功能如表 3.8 所示。

表 3.8　Option 命令及功能

命令	功能
Preference	设置操作环境
Modify Title Block	编辑标题栏
Simplified Version	设置简化版本
Global Restrictions	设定软件整体环境参数
Circuit Restrictions	设定编辑电路的环境参数

9. Help

Help 菜单提供了对 Multisim 的在线帮助和辅助说明。Help 命令及功能如表 3.9 所示。

表 3.9　Help 命令及功能

命令	功能
Multisim Help	Multisim 的在线帮助
Multisim Reference	Multisim 的参考文献
Release Note	Multisim 的发行申明
About Multisim	Multisim 的版本说明

3.2　Multisim 10 实验

实验一　Multisim 10 简单应用

打开 Multisim 10 设计环境,选择"文件→新建→原理图",即弹出一个新的电路图编辑窗口,工程栏同时出现一个新的名称。单击"保存"按钮,将该文件命名,保存到指定文件夹下。

（1）放置电源

单击元件栏的放置信号源选项,出现如图 3.29 所示的对话框。

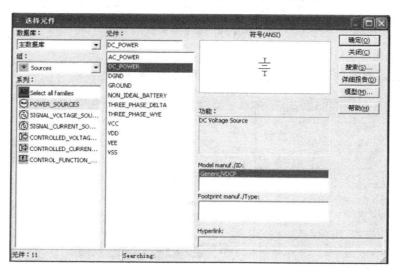

图 3.29　放置电源对话框

① "数据库"选项,选择"主数据库"。

② "组"选项,选择"Sources"。

③ "系列"选项,选择"POWER_SOURCES"。

④ "元件"选项,选择"DC_POWER"。

⑤ 右边的"符号""功能"等对话框里,会根据所选项目,列出相应的说明。

选择好电源符号后,单击"确定"按钮,移动鼠标到电路编辑窗口,选择放置位置后,单击鼠标左键即可将电源符号放置于电路编辑窗口中,仿制完成后,还会弹出元件选择对话框,可以继续放置,单击"关闭"按钮可以取消放置。

放置的电源符号显示的是 12 V,双击该电源符号,出现如图 3.30 所示的属性对话框,在该对话框里,可以更改该元件的属性。在这里,将电压改为 3 V。当然也可以更改元件的序号引脚等属性。

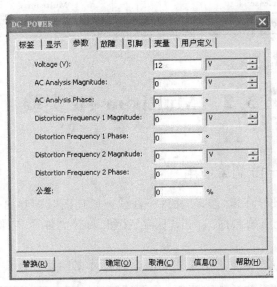

图 3.30 属性对话框

(2) 放置电阻

单击"放置基础元件",弹出如图 3.31 所示对话框。

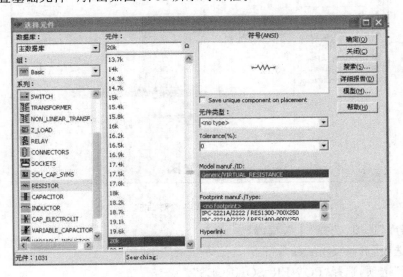

图 3.31 放置电阻对话框

① "数据库"选项,选择"主数据库"。

② "组"选项,选择"Basic"。

③ "系列"选项,选择"RESISTOR"。

④ "元件"选项,选择"20 k"。

⑤ 右边的"符号""功能"等对话框,会根据所选项目,列出相应的说明。

按上述方法,再放置一个 10 kΩ 的电阻和一个 100 kΩ 的可调电阻。放置完毕后,如图 3.32所示。

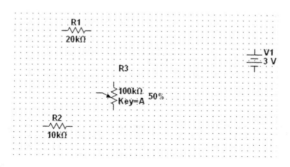

图 3.32　电阻放置后图示

放置后的元件都按照默认的摆放情况被放置在编辑窗口中。例如,电阻是默认横着摆放的。但实际在绘制电路过程中,各种元件的摆放情况是不一样的。可以通过如下的步骤来操作:将鼠标放在电阻 R_1 上,然后右击,这时会弹出一个对话框,在对话框中可以选择让元件顺时针或者逆时针旋转 90°。如果元件摆放的位置不合适,想移动一下元件的摆放位置,则将鼠标放在元件上,按住鼠标左键,即可拖动元件到合适位置。

(3) 放置电压表

在仪器栏选择"万用表",将鼠标移动到电路编辑窗口内,这时我们可以看到,鼠标上跟随着一个万用表的简易图形符号。单击,将电压表放置在合适位置。电压表的属性同样可以双击进行查看和修改。

所有元件放置好后,如图 3.33 所示。

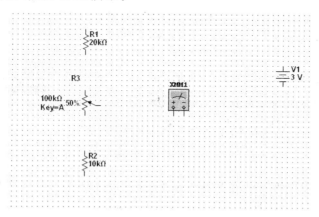

图 3.33　所有元件放置后图示

(4) 连线

将鼠标移动到电源的正极,当鼠标指针变成 ◆ 时,表示导线已经和正极连接起来了,单击鼠标将该连接点固定,然后移动鼠标到电阻 R_1 的一端,出现小红点后,表示正确连接到 R_1

了,单击固定,这样一根导线就连接好了,如图 3.34 所示。如果想要删除这根导线,将鼠标移动到该导线的任意位置,右击,选择"删除"即可将该导线删除。或者选中导线,直接按"Delete"键删除。

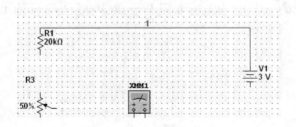

图 3.34　连线示意图

按照前面的方法,放置一个公共地线,然后如图 3.35 所示,将各连线连接好。

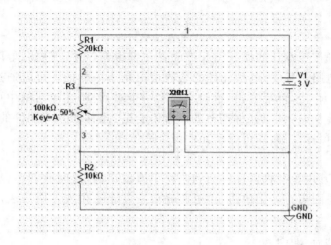

图 3.35　线路连接后图示

注意:在电路图的绘制中,公共地线是必须的。

（5）仿真

电路连接完毕,检查无误后,就可以进行仿真了。单击仿真栏中的绿色开始按钮 ▷,电路进入仿真状态。双击图 3.36 中的万用表符号,即可弹出如图的对话框,在这里显示了电阻 R_2 上的电压。

（6）关闭仿真

至此已经大致熟悉了如何利用 Multisim 10 来进行电路仿真,以后就可以利用电路仿真来学习电路方面的知识了。

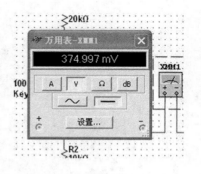

图 3.36　仿真

实验二　电阻的分压、限流特性演示

（1）电阻的分压特性演示

首先创建一个如图 3.37 所示的电路。

　　打开仿真,观察一下两个电压表各自测得的电压值。由图 3.38 可以看到,两个电压表测得的电压都是 6 V,根据这个电路的原理,可以计算出电阻 R_1 和 R_2 上的电压均为 6 V。在这个电路中,电源和两个电阻构成了一个回路,根据电阻分压原理,电源的电压被两个电阻分担了,根据两个电阻的阻值,可以计算出每个电阻上分担的电压是多少。

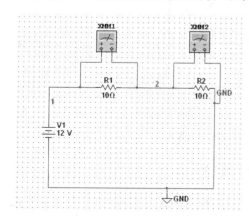

图 3.37　电阻的分压特性演示电路图

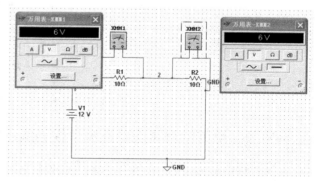

图 3.38　电阻的分压特性演示仿真结果

　　同理,可以改变这两个电阻的阻值,进一步验证电阻的分压特性。

　　(2) 电阻的限流特性演示和验证

　　首先创建如图 3.39 所示的电路。

　　这时需要将万用表作为电流表使用,双击万用表,弹出万用表的属性对话框,如图 3.40 所示,单击按钮"A",这时万用表相当于被拨到了电流挡。

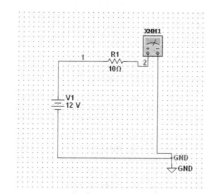

图 3.39　电阻限流特性演示和验证电路图

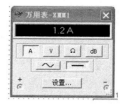

图 3.40　万用表

　　开始仿真,双击万用表,弹出电流值显示对话框,在这里可以查看电阻 R_1 上的电流,如图 3.41 所示。

　　关闭仿真,修改电阻 R_1 的阻值为 1 kΩ,再打开仿真,观察电流的变化情况,如图 3.41 所示,我们可以看到电流发生了变化。根据电阻值大小的不同,电流大小也相应发生变化,从而验证了限流特性。

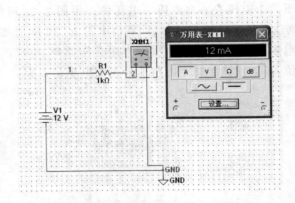

图 3.41　电阻限流特性演示和验证仿真结果

实验三　电容的隔直流通交流特性的演示和验证

电容的特性是隔直流、通交流。也就是说电容两端只允许交流信号通过,直流信号是不能通过电容的。

(1)电容的隔直流的特性演示和验证

创建如图 3.42 所示电路图,在这个电路中,将直流电源加到电容的两端,通过示波器观察电路中的电压变化。

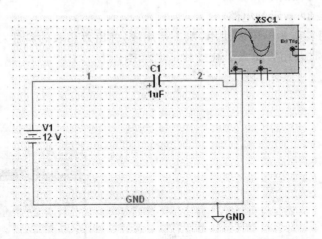

图 3.42　电容的隔直流的特性演示和验证电路图

在这个电路中是没有电流通过的,所以用示波器只能看到电压为 0,测量出来的电压波形跟示波器的 0 点标尺重合了,不便于观察,为此双击示波器,如图 3.43 所示,将 Y 轴的位置参数改为 1,这样就便于观察了。

打开仿真,如图 3.44 所示,看到这条红线就是示波器测得的电压,可以看到,这个电压是 0,从而验证了电容的隔直流特性。

(2)电容的通交流特性的演示

创建如图 3.45 所示的电路图,在本电路图中,将电源由直流电源换为交流电源,电源电压和频率分别为 6 V、50 Hz。同时,由于上面的试验中改变了示波器的水平位置,在这里需要将

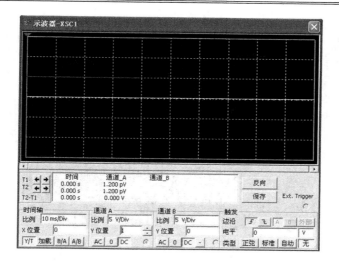

图 3.43　示波器

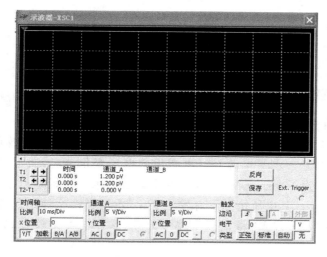

图 3.44　电容的隔直流的特性演示和验证仿真结果

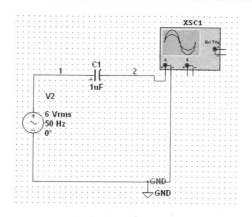

图 3.45　电容的通交流特性的演示电路图

水平位置仍然改为 0。

打开仿真,双击示波器,观察电路中的电压变化。如图 3.46 所示,从图中可以来看出,电路中有了频率为 50 Hz 的电压变化。从而验证了电容的通交流的特性。

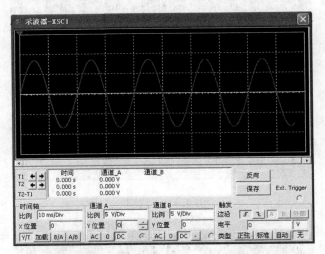

图 3.46　电容的通交流特性的演示仿真结果

实验四　电感的隔交流通直流的特性演示与验证

（1）电感的通直流的特性演示与验证

首先创建如图 3.47 所示电路图。为了能更好的演示效果,在电感的两端分别连接示波器的一个通道。通道 A 测量电源经过电感后的电压变化情况,通道 B 连接电源,观察电源两端的电源情况。为了便于观察,示波器两个通道的水平位置进行了不同设置。这是因为直流电源通过电感后,其电压情况没有发生变化,示波器两个通道的波形会重叠在一起。通过调整两个通道的水平位置,将这两个波形分开,这样能够比较直观地看到两个通道的波形。

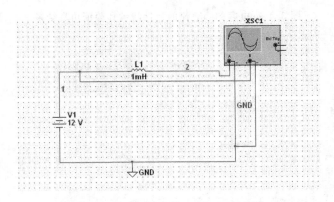

图 3.47　电感的通直流的特性演示与验证电路图

打开仿真,双击示波器,如图 3.48 所示就可以看到 A、B 两个通道上都有电压,这就验证了电感的通直流特性。

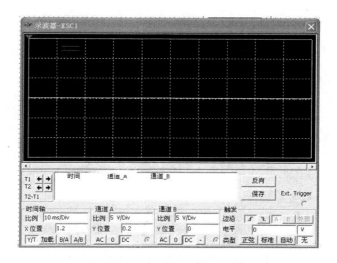

图 3.48　电感的通直流的特性演示与验证仿真结果

（2）电感隔交流特性的分析

建立如图 3.49 所示电路图,将电源变为交流电源,频率为 50 MHz。

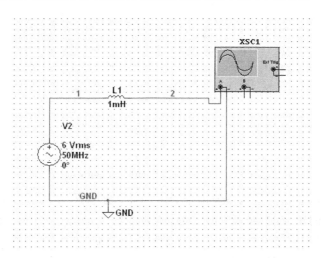

图 3.49　电感隔交流特性分析电路图

打开仿真,双击示波器,可以看到如图 3.50 所示示波器上没有电压,说明电感将交流电隔断了。可以试着改变频率的大小,可以发现,在频率较低的时候,电压是能够通过电感的,但是随着频率的提高,电压逐渐就被完全隔断了,这跟电感的频率特性是一致的。

实验五　二极管的特性分析与验证

建立如图 3.51 所示电路图,这里用到了一个新的虚拟仪器:函数信号发生器。顾名思义,函数信号发生器是一个可以发生各种信号的仪器。它的信号是根据函数值来变化的,它可以产生幅值、频率、占空比都可调的波形,可以是正弦波、三角波、方波等。这里我们利用函数发生器来产生电路的输入信号。仿真前应设置好函数信号发生器的幅值、频率、占空比、偏移量

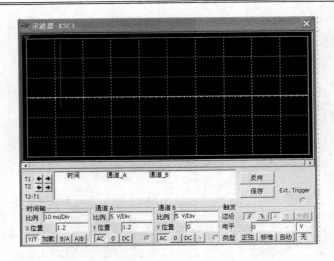

图 3.50　电感隔交流特性分析仿真结果

以及波形等。示波器的两个通道一路用来检测信号发生器波形,另一路用来监视信号经过二极管后的波形变化情况。

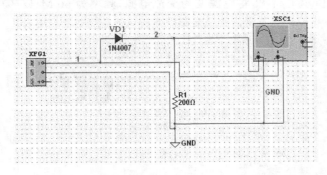

图 3.51　二极管的特性分析与验证电路图

　　打开仿真,双击示波器查看示波器两个通道的波形。如图 3.52 所示,可以看到,在信号经过二极管前,是完整的正弦波,经过二极管后,正弦波的负半周消失了。这样就证明了二极管的单向导电性。可以试着把信号发生器的波形改为三角波、方波,然后再观察输出效果。可以得出同样的结论:二极管正向偏置时,电流通过,反向偏置时,电流截止。

　　尝试将在电路中将二极管反过来安装,然后观察仿真效果。会发现,二极管反向安装后,其输出波形与正向安装时的波形刚好相反。电路图和波形如图 3.53 和图 3.54 所示。

实验六　三极管的特性的演示与验证

　　创建并绘制如图 3.55 所示的电路图。在本图中,使用 NPN 型三极管 2N1711 来进行试验。采用共射极放大电路接法。基极和集电极分别连接电流表。另外注意,基极和集电极的电压是不一样的。

　　打开仿真,双击两个万用表(注意选择电流挡),如图 3.56 所示。可以看到,连接在基极的电流表和连接在集电极的电流表显示的电流值差别很大。这说明了:在基极用一个很小的电流,就可以在集电极获得比较大的电流。从而验证了三极管的电流放大特性。

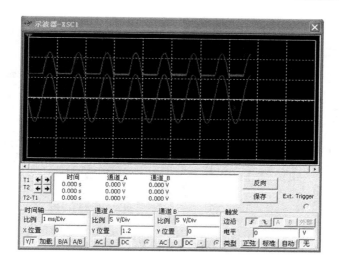

图 3.52　二极管的特性分析与验证仿真结果

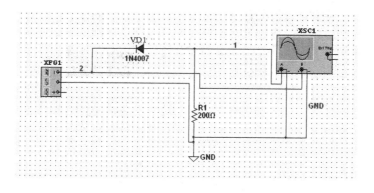

图 3.53　二极管反装电路图

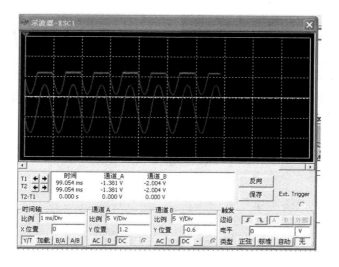

图 3.54　二极管反装仿真结果

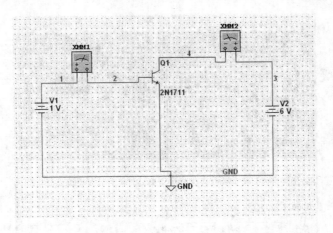

图 3.55　三极管的特性的演示与验证电路图

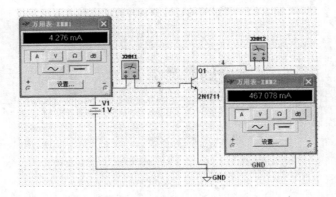

图 3.56　三极管的特性的演示与验证仿真结果

参 考 文 献

［1］ 张玉峰.电子电路实验.西安:中国人民解放军西安通信学院,2002.
［2］ 童诗白,华成英.模拟电子技术基础.4 版.北京:高等教育出版社,2006.
［3］ 梁秀梅.模拟电子技术实验教程.西安:西北工业大学出版社,2008.
［4］ 陈孝桢.模拟电路实验.南京:南京大学出版社,2004.
［5］ 徐瑞萍.模拟电子技术仿真与实验.西安:西北工业大学出版社,2007.
［6］ 杨承毅.模拟电子技术.北京:人民邮电出版社,2006.
［7］ 李淑明.模拟电子电路实验—设计—仿真.成都:电子科技大学出版社,2010.
［8］ 王成安,张树江.模拟电子技术—实训篇.大连:大连理工大学出版社,2006.
［9］ 江小安.模拟电子技术.西安:西北大学出版社,2006.
［10］ 高吉祥.模拟电子线路设计.北京:电子工业出版社,2007.